中　外　物　理　学　精　品　书　系

本　书　出　版　得　到　"　国　家　出　版　基　金　"　资　助

国家出版基金项目
NATIONAL PUBLICATION FOUNDATION

中外物理学精品书系

前沿系列 · 61

拉曼光谱仪的科技基础及其构建和应用

张树霖 著

北京大学出版社
PEKING UNIVERSITY PRESS

图书在版编目(CIP)数据

拉曼光谱仪的科技基础及其构建和应用 / 张树霖著. —北京：北京大学出版社，2020.9

（中外物理学精品书系）

ISBN 978-7-301-31492-0

Ⅰ.①拉… Ⅱ.①张… Ⅲ.①拉曼光谱 – 光谱仪 – 研究 Ⅳ.①TH744.1

中国版本图书馆 CIP 数据核字(2020)第 139983 号

书　　　　名	拉曼光谱仪的科技基础及其构建和应用	
	LAMAN GUANGPUYI DE KEJI JICHU JI QI GOUJIAN HE YINGYONG	
著作责任者	张树霖　著	
责 任 编 辑	刘　啸　班文静	
标 准 书 号	ISBN 978-7-301-31492-0	
出 版 发 行	北京大学出版社	
地　　　　址	北京市海淀区成府路 205 号　100871	
网　　　　址	http://www.pup.cn	
电 子 信 箱	zpup@pup.cn	
新 浪 微 博	@北京大学出版社	
电　　　　话	邮购部 010-62752015　发行部 010-62750672　编辑部 010-62754271	
印 刷 者	北京中科印刷有限公司	
经 销 者	新华书店	
	730 毫米×980 毫米　16 开本　10.75 印张　153 千字	
	2020 年 9 月第 1 版　2020 年 9 月第 1 次印刷	
定　　　　价	55.00 元	

序　言

　　物理学是研究物质、能量以及它们之间相互作用的科学。她不仅是化学、生命、材料、信息、能源和环境等相关学科的基础,同时还与许多新兴学科和交叉学科的前沿紧密相关。在科技发展日新月异和国际竞争日趋激烈的今天,物理学不再囿于基础科学和技术应用研究的范畴,而是在国家发展与人类进步的历史进程中发挥着越来越关键的作用。

　　我们欣喜地看到,改革开放四十年来,随着中国政治、经济、科技、教育等各项事业的蓬勃发展,我国物理学取得了跨越式的进步,成长出一批具有国际影响力的学者,做出了很多为世界所瞩目的研究成果。今日的中国物理,正在经历一个历史上少有的黄金时代。

　　在我国物理学科快速发展的背景下,近年来物理学相关书籍也呈现百花齐放的良好态势,在知识传承、学术交流、人才培养等方面发挥着无可替代的作用。然而从另一方面看,尽管国内各出版社相继推出了一些质量很高的物理教材和图书,但系统总结物理学各门类知识和发展,深入浅出地介绍其与现代科学技术之间的渊源,并针对不同层次的读者提供有价值的学习和研究参考,仍是我国科学传播与出版领域面临的一个富有挑战性的课题。

　　为积极推动我国物理学研究、加快相关学科的建设与发展,特别是集中展现近年来中国物理学者的研究水平和成果,北京大学出版社在国家出版基金的支持下于 2009 年推出了"中外物理学精品书系",并于2018 年启动了书系的二期项目,试图对以上难题进行大胆的探索。书系编委会集结了数十位来自内地和香港顶尖高校及科研院所的知名学者。他们都是目前各领域十分活跃的知名专家,从而确保了整套丛书的权威性和前瞻性。

　　这套书系内容丰富、涵盖面广、可读性强,其中既有对我国物理学发展的梳理和总结,也有对国际物理学前沿的全面展示。可以说,"中外物理学精品书系"力图完整呈现近现代世界和中国物理科学发展的全貌,是一套目前国内为数不多的兼具学术价值和阅读乐趣的经典物理丛书。

　　"中外物理学精品书系"的另一个突出特点是,在把西方物理的精华要义"请进来"的同时,也将我国近现代物理的优秀成果"送出去"。物理学在世界范围内的重要性不言而喻。引进和翻译世界物理的经典著作和前沿动态,可以满足当前国内物理教学和科研工作的迫切需求。与此同时,我国的物理学研究数十年来取得了长足发展,一大批具有较高学术价值的著作相继问世。这套丛书首次成规模地将中国物理学者的优秀论著以英文版的形式直接推向国际相关研究的主流领域,使世界对中国物理学的过去和现状有更多、更深入的了解,不仅充分展示出中国物理学研究和积累的"硬实力",也向世界主动传播我国科技文化领域不断创新发展的"软实力",对全面提升中国科学教育领域的国际形象起到一定的促进作用。

　　习近平总书记在 2018 年两院院士大会开幕会上的讲话强调,"中国要强盛、要复兴,就一定要大力发展科学技术,努力成为世界主要科学中心和创新高地"。中国未来的发展在于创新,而基础研究正是一切创新的根本和源泉。我相信,在第一期的基础上,第二期"中外物理学精品书系"会努力做得更好,不仅可以使所有热爱和研究物理学的人们从中获取思想的启迪、智力的挑战和阅读的乐趣,也将进一步推动其他相关基础科学更好更快地发展,为我国的科技创新和社会进步做出应有的贡献。

"中外物理学精品书系"编委会主任

中国科学院院士,北京大学教授

王恩哥

2018 年 7 月于燕园

内 容 简 介

　　拉曼光谱学是拉曼散射光的光谱学.拉曼散射光的发现及其光谱学的发展,主要基于实验仪器的优越性及实验技术的发展.因此,了解拉曼光谱仪的科技基础及其合理的结构和正确的应用技术是发展和应用拉曼光谱学所必需的.

　　本书基于作者的理论认识和实践经验,对拉曼光谱仪的有关科学理论、技术基础及其合理的结构和正确的应用技术进行介绍.

　　第一章介绍光致发光、拉曼散射和受激发光的经典和量子模型与理论.

　　第二章介绍光谱的概念和参数、光谱仪的分光元件以及由其产生的光谱的特征和类型.

　　第三章介绍光谱仪的构成部件,即光源、远场和近场外光路、内光路——分光计、光谱探测和仪器操控等部件,并介绍因采用不同部件所产生的不同光谱学分支.

　　第四章介绍获得高质量光谱所需要的科学技术基础和高质量的拉曼光谱仪,以及为此需具备的光谱实验室、正确的实验操作和实测光谱后处理.

　　此外,本书还附有前言和后记.前言就光谱仪发展所需要的科学技术基础和丰富实践经验做了论述.后记叙述了中国拉曼光谱学者的继往开来,在回顾拉曼光谱学发展和历史的基础上,介绍了中国学者对国际拉曼光谱学发展的历史性贡献,并对中国学者今后的责任提出了一些看法.

前　言

　　2017 年 12 月 1—5 日,在广州召开的"第十九届全国光散射学术会议"邀请我在"会前讲座"中做报告.为此,我做了题目为"拉曼光谱的科学基础和实验技术"的报告.会后许多与会者要求我把电子版讲稿给他们,这说明大家对拉曼光谱实验技术很关注,但是又没有拉曼光谱实验技术方面的书可阅读.于是,我就利用近 40 年从事拉曼光谱实验所积累的知识、经验和资料,在上述报告的基础上,撰写了名为"拉曼光谱仪的科技基础及其构建和应用"的本书.希望本书对从事拉曼光谱实验工作的科研人员有帮助,并对中国拉曼光谱学的进一步发展有作用.

一、技术的发展需要深厚的科学基础

　　1930 年,拉曼(C. V. Raman)由于其观测到的拉曼散射现象,而获得了诺贝尔物理学奖.他当年用的就是如图 1 所示的以太阳光为光源的实验设备.后来,汞灯作为光源的引入,使得拉曼光谱学得到进一步发展.1945 年后,因红外光谱技术的大发展,拉曼光谱学的研究被迫暂时停顿.1962 年,因为激光器作为光源的引入,产生了激光拉曼光谱仪,这使得停顿了近 20 年的拉曼光谱学有了很大的发展.所以,拉曼光谱仪在拉曼光谱学的发展中起着极关键的作用.

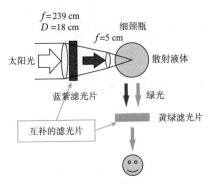

图 1　拉曼当年观测到拉曼散射现象的实验设备的光路结构图

　　但是,光谱仪技术发展和光谱学应用的基础是科学知识.例如,美国华裔科学家朱棣文(S. Chu)获诺贝尔物理学奖的原因之一就是由于其对受激拉曼散射科学原理的了解.朱棣文于1991年在 *Physical Review Letters* 杂志上发表了一篇名为"利用受激拉曼跃迁进行原子速度选择(Atomic Velocity Selection Using Stimulated Raman Transitions)"的论文,表明他了解到受激拉曼散射发生时,光照射的增益大于入射光的损耗,因而可以使被光照的体系降温.基于上述科学知识,他在论文中还给出了相应的实验装置图,如图2所示.当时他设计的实验装置可使体系的温度降到38 mK.数年后,经过改进的装置可使体系的温度进一步降到290 nK.

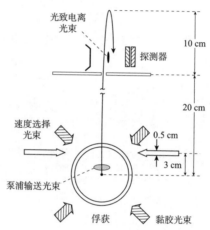

图2　朱棣文发表的名为"利用受激拉曼跃迁进行原子速度选择(Atomic Velocity Selection Using Stimulated Raman Transitions)"的论文中给出的实验装置图

　　由于实验装置内的极低温度,因此物体内的原子基本不动,从而得以被俘获.此举使朱棣文获得了1997年的诺贝尔物理学奖.

二、技术的实现需要丰富的实践经验

　　北京大学在1979年组建起中国第一台激光棱镜拉曼光谱仪,用其进行对顶砧超高压拉曼光谱等的研究工作.接着,北京大学又于1982年用国产元部件研制成第一台世界最小型的激光拉曼光谱仪"RBD-Ⅱ激光拉曼分光计".1984年后,北京大学改造和升级了由 Spex 1403 双单色仪和 Spex 1442U 第三单色仪组成的大型 Spex 1877 激光三光栅拉曼光谱仪,使其低波数拉曼光谱测量水平被国际专家认为达到了世界第一.此外,北京大学在 2010 年还组建了国际上第一台以分子束外延设备(MBE)生长室为样品室的原位超高真空拉曼光谱仪.

本人在北京大学主持上述仪器研制、改建和生产工作.我毕业于六年制的北京大学物理系理论物理专业,有较强的科学理论基础.此外,我还做了物理系光学专业的全部专门化实验,并参加了研制气体激光器、编写计算机软件和设计制造集成电路的实验技术工作,因此,也具有与光谱仪制造相关技术的丰富实践经验,从而保证了上述光谱仪的成功研制和改建.

以上有关历史的介绍表明,在技术的发展和应用中,科技基础具有十分重要的意义.因此,本书将在科技基础上,对拉曼光谱实验技术及其光谱仪和光谱测量进行讨论.

目　　录

第一章 光的产生及其特性与拉曼散射

§1.1 光致发光和拉曼散射光

物质发光是自然界的基本现象.发光有自发发光和受激发光两大类.太阳光是自发发光的典型.受激发光因激发源不同,可分为热致、电致和光致等不同的发光类型.

1.1.1 光致发光现象

图 1-1 展示了光照介质产生的宏观光学现象.它显示介质受光照后,除了会产生反射、折射和透射等几何光学现象外,还会发生如光吸收、光荧光和光散射等光致发光的物理光学现象.

散射光具有无确定传播方向的宏观光学特性.因此,物体产生的散射光可使人们在任何方向都能看到该物体.

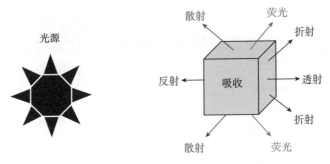

图 1-1 光照介质产生的宏观光学现象

1.1.2 散射光产生的物质根源及相应的类型和光学特性

光照介质产生散射光的根源是物质存在涨落,涨落又分为宏观涨落和微观涨落两类.

若在均匀介质中的悬浮粒子(如空气中的烟雾、尘埃)以及乳浊液、胶体等发生宏观涨落,则它们引起的散射称为廷德尔散射(Tyndall scattering).由分子热运动所造成的密度涨落也是一类宏观涨落,由它们引起的散射称为分子散射.

微观涨落产生的散射有瑞利散射(Rayleigh scattering)、布里渊散射(Brillouin scattering)和拉曼散射(Raman scattering)三类.微观涨落产生的散射光和光荧光相对于入射光的频率和强度列于表 1-1 中.

表 1-1 微观涨落产生的散射光和光荧光的频率 ω 和强度 I 相对于入射光的频率 ω_0 和强度 I_0 的值

名称	$(\omega-\omega_0)/\mathrm{cm}^{-1}$	I/I_0
瑞利散射光	约 0	$\leqslant 10^{-4}$
布里渊散射光	约 1~10	约 10^{-10}
拉曼散射光	$\geqslant 1$	$\leqslant 10^{-12}$
光荧光	约 0~10^4	约 $10^2 \sim 10^3$

表 1-1 表明对于同一频率 ω_0 和强度 I_0 的入射光,拉曼散射光的强度不大于入射光强度的 10^{-12},并分别不大于同时出现的光荧光和瑞利散射光强度的 $10^{-15}\sim10^{-14}$ 和 10^{-8}.由此,我们得到拉曼光谱仪的一个技术要求,即需能产生并接收到最大的拉曼散射光.

1.1.3 微观涨落的类型及光谱特性

常见的微观涨落物质至少有下列几种类型:

(1) 原子不同;

(2) 分子不同;

(3) 同一分子但其化学键不同;

(4) 同一化学键但其振动模式不同;

(5) 同一原子或分子的固体物质但其微结构不同.

上述内容表明微观涨落的类型非常多.不同的微观涨落将产生不同波长,且波长差可能非常小的散射.因此,我们得到拉曼光谱仪的又一个技术要求:能测量波长范围广且散射频率密集的光谱.

§1.2 发光的经典模型和理论

光是光频的振动电磁场.经典物理认为振动电磁场可由振动的正负电荷对产生,而产生电磁场的电荷通常涉及电子和离子两类.

1.2.1 电偶极子发光模型

1. 电偶极子

一对距离固定为 $r(r=|r| \ll$ 波长 $\lambda)$ 的电量分别为 $\pm e$ 的点电荷形成一个电偶极子,如图 1-2(a)所示.电偶极子将产生电偶极矩:

$$p = -er. \tag{1.1}$$

电偶极矩将产生静电场 $E(R)$.静电场的图像如图 1-2(b)所示.$E(R)$ 的数学表达式在图 1-2(c) 所示的球面坐标系中为

$$E_R = 2p_0\cos\theta/R^3, \tag{1.2}$$

$$E_\theta = p_0\sin\theta/R^3, \tag{1.3}$$

其中 p_0 是电偶极矩 p 的振幅.

2. 振荡电偶极子

若电偶极子的间距 r 随时间 t 改变,则成为振荡电偶极子,产生振荡电偶极矩:

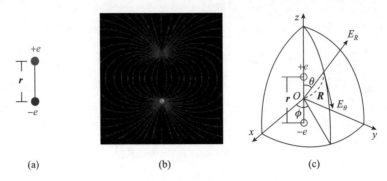

(a)　　　　　　　　　　(b)　　　　　　　　　　(c)

图 1-2　电偶极子(a)及其产生的静电场的图像(b)和用于数学表达的球面坐标系(c)

$$\boldsymbol{p}(t) = -e\boldsymbol{r}(t).$$

振荡电偶极矩将产生振荡电场 $\boldsymbol{E}_s(t)$,如图 1-3 所示.而以光频振动的电偶极子就成为发光源.

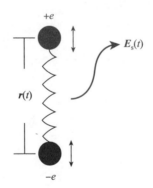

图 1-3　振荡电偶极子产生振荡电场 $\boldsymbol{E}_s(t)$ 的示意图

图 1-4 展示了两个振荡电偶极子的实例.其中图 1-4(a)表示电子以频率 ω 绕原子核运动的原子,可以变换为以频率 ω 振荡的振荡电偶极子.因此,原子可以看作一个电偶极子,而众多原子构成的物体可看成是许多个电偶极子的集合.而对于化学分子,其中相邻阳离子和阴离子构成的化学键也可看作如图 1-4(b)所示的以频率 ω 振荡的电偶极子.

1.2.2 电偶极子发光的经典理论

在经典理论中,可通过求解经典电动力学的基本方程——麦克斯韦方程组(Maxwell's equations),得到振荡电偶极子的电磁场[1].

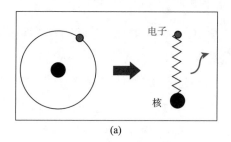

(a)

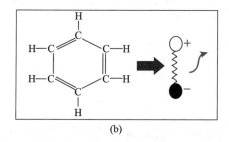

(b)

图 1-4　振荡电偶极子的实例,原子(a)和化学键(b)

1. 麦克斯韦方程组

运用 ∇ 算子的微分形式 $\nabla = d/dr$,可以得到反映电场和磁场强度的电场强度矢量 $\boldsymbol{E}$ 和磁感应强度矢量 $\boldsymbol{B}$ 的麦克斯韦方程组为

$$\nabla \cdot \boldsymbol{E} = 4\pi\rho, \tag{1.4}$$

$$\nabla \times \boldsymbol{B} - (1/c)\partial\boldsymbol{E}/\partial t = (4\pi/c)\boldsymbol{j}, \tag{1.5}$$

$$\nabla \times \boldsymbol{E} + (1/c)\partial\boldsymbol{B}/\partial t = 0, \tag{1.6}$$

$$\nabla \cdot \boldsymbol{B} = 0, \tag{1.7}$$

其中 ρ 是电荷密度,$\boldsymbol{j}$ 是电流密度,t 是时间,c 是光速.当电荷密度 ρ 和电流密度 $\boldsymbol{j}$ 给定时,真空中的电磁场通过解麦克斯韦方程组就可以完全得到.

2. 振荡电偶极子的麦克斯韦方程组的解

我们利用如图 1-5 所示的球面坐标系,通过麦克斯韦方程组求解振荡电偶极子的电磁场.

(1) 严格解.

$$E_R = 2(p_0\cos\theta/R^3)(1+ikR)\exp(ikR) ,\qquad(1.8)$$

$$E_\theta = (p_0\sin\theta/R^3)(1+ikR-k^2R^2)\exp(ikR) ,\qquad(1.9)$$

$$B_\phi = (p_0\sin\theta/R^3)(ikR-k^2R^2)\exp(ikR).\qquad(1.10)$$

在上面的解中,R 是以振荡电偶极子为原点的电磁场位置的坐标,p_0 是电偶极矩的振幅,$k = \omega/c$ 为波矢的大小,而 ω 和 c 分别为电磁场的频率和光速. 波矢 k 的方向代表电磁场的传播方向.

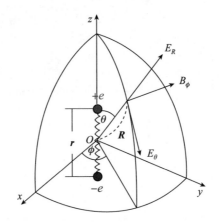

图 1-5   通过麦克斯韦方程组求解振荡电偶极子的电磁场的球面坐标系

(2) 近似解.

对距离光源的距离 R 不同的区域,可以得到麦克斯韦方程组的不同近似解.

① $R \gg$ 波长 λ 的远(光源)场区.

此时只需考虑与 $1/R$ 有关的项,振荡电偶极子的电磁场的表达式为

$$E_R = 0,\qquad(1.11)$$

$$E_\theta = B_\phi = [k^2 p_0(t)\sin\theta/R]\exp(ikR), \tag{1.12}$$

其他分量为 0.

近似解的远场形式与一般教科书中给出并在传统上应用的电磁场形式完全相同.

② $R \ll$ 波长 λ 的近(光源)场区.

此时只需考虑与 $1/R^2$ 或 $1/R^3$ 有关的项,振荡电偶极子的电磁场的表达式为

$$E_R = 2p_0(t)\cos\theta/R^3, \tag{1.13}$$

$$E_\theta = p_0(t)\sin\theta/R^3, \tag{1.14}$$

$$B_\phi = ikp_0(t)\sin\theta/R^2, \tag{1.15}$$

其他分量为 0.

近似解的近场形式在传统的教科书中不经常出现.

1.2.3 振荡电偶极子产生的电磁场的空间分布特性

1. 电场的强度

基于电场的强度:

$$I = |\boldsymbol{E}|^2 = \boldsymbol{E}_0^2(\boldsymbol{R}, t), \tag{1.16}$$

于是,在同一介质中的振荡电偶极子的电场的强度为

$$I_{近场} = (1/R^6)\, p_0^2(t)\, \sin^2\theta\,, \tag{1.17}$$

$$I_{远场} = (k^4/R^2)\, p_0^2(t)\, \sin^2\theta\,. \tag{1.18}$$

表 1-2 展示了在近场区计算的电场的强度 $I_{近场}(R)$ 与在 1 mm 的远场区计算的电场的强度 $I_{远场}(1\,\text{mm})$ 的比值.从表中可以看到,在离发光物体 $R = 10$ nm 的近场区的电场的强度超过 1 mm 的远场区的电场的强度的 10^{13} 倍.

表 1-2 波长 $\lambda = 500$ nm 时计算得到的 $I_{近场}(R)/I_{远场}(1\,\text{mm})$

R	$I_{近场}(R)/I_{远场}(1\,\text{mm})$
λ(500 nm)	$\approx 2.57 \times 10^3$
$\lambda/2$(250 nm)	$\approx 1.64 \times 10^5$

R	$I_{近场}(R)/\,I_{远场}(1\text{ mm})$
λ/π(159 nm)	$\approx 2.48 \times 10^6$
$\lambda/4$(125 nm)	$\approx 1.05 \times 10^7$
$\lambda/(2\pi)$(79.6 nm)	$\approx 1.57 \times 10^8$
$\lambda/10$(50 nm)	$\approx 2.57 \times 10^9$
约为针尖探测距离(10 nm)	$\approx 4.01 \times 10^{13}$

表 1-2 揭示了拉曼光谱实验的一个极重要的技术措施:用激发光源和拉曼散射光的近场光作为光谱仪的激发光,并将其加以收集,会使拉曼散射光的强度有极高数量级的增加.

2. 电场的偏振特性

(1) 远场区.

电场表达式为

$$E_R = 0, \tag{1.19}$$

$$E_\theta = [k^2 p_0(t)\sin\theta/R]\exp(ikR),$$

或

$$\boldsymbol{E}(\boldsymbol{r},t) = \boldsymbol{E}_0\cos(\omega t - \boldsymbol{k}\cdot\boldsymbol{r} + \phi_E). \tag{1.20}$$

磁场表达式为

$$H_\phi = [k^2 p_0(t)\sin\theta/R]\exp(ikR),$$

或

$$\boldsymbol{H}(\boldsymbol{r},t) = \boldsymbol{H}_0\cos(\omega t - \boldsymbol{k}\cdot\boldsymbol{r} + \phi_H).$$

上述表达式表明,在远场区,电场和磁场均只有横向分量,是横波.

(2) 近场区.

电场表达式为

$$E_R = 2p_0(t)\cos\theta/R^3, \tag{1.21}$$

$$E_\theta = p_0(t)\sin\theta/R^3. \tag{1.22}$$

磁场表达式为

$$H_\phi = \mathrm{i}k p_0(t)\sin\theta / R^2.$$

因此,近场区电场既是横场也是纵场,磁场是横场.

3. 振荡电磁场的辐射功率 $\mathrm{d}P/\mathrm{d}\Omega$

在单位立体角内辐射的时间平均功率由坡印廷矢量(Poynting vector),即电磁场中的能流密度矢量

$$\frac{\mathrm{d}P}{\mathrm{d}\Omega} = \frac{c}{8\pi}\mathrm{Re}\,[R^2\boldsymbol{n}\cdot(\boldsymbol{E}\times\boldsymbol{H})] \tag{1.23}$$

表达,其中 Re 代表取实部,$\boldsymbol{n}$ 是方向子.

在远场区,周期平均坡印廷矢量

$$\frac{\mathrm{d}P}{\mathrm{d}\Omega} = \frac{\omega^4}{8\pi c r_0^2}p_0^2\sin\theta \tag{1.24}$$

有辐射功率.因此,远场是辐射场.

在近场区,磁场只有虚部,周期平均坡印廷矢量

$$\frac{\mathrm{d}P}{\mathrm{d}\Omega} = P = 0 \tag{1.25}$$

无辐射功率,即近场是非辐射场.

根据上述讨论,可以了解到电偶极子产生的振荡电磁场存在近场和远场两类性质截然不同的场.远场是离电偶极子光源距离为一个波长外的电磁场,近场是局域在电偶极子光源一个波长范围内的电磁场.它们的特性如表 1-3 所示.

表 1-3　电偶极子产生的远场区和近场区振荡电磁场的特性

特性	远场区	近场区
空间特性	行波场	隐失场
偏振特性	横场	既是横场也是纵场
电场的强度	$(k^4/R^2)p_0^2(t)\sin^2\theta$	$(1/R^6)p_0^2(t)\sin^2\theta$
辐射特性	辐射/传播场	非辐射/非传播场

1.2.4 振荡电偶极子电磁场的空间传播特性

1. 无障碍物

辐射电磁场不受影响,进行直线传播.

2. 有障碍物

(1)障碍物大于波长.

此时,如图 1-6 所示,入射光从自由空间照射平滑界面时,在介质表面出现反射现象,在介质内出现折射现象,并满足:

① 反射定律.反射角 $\theta_1' =$ 入射角 θ_1.

② 折射定律.折射光线与入射光线、法线处在同一平面,且折射光线与入射光线分别位于法线的两侧,服从折射定律,即

$$\sin\theta_1 = (n_2/n_1)\ \sin\theta_2, \tag{1.26}$$

其中 θ_1 和 θ_2 分别是入射角和折射角,n_1 和 n_2 分别是入射介质 M_1 和折射介质 M_2 的折射率.

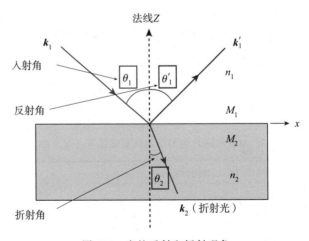

图 1-6 光的反射和折射现象

由于折射率 n 与波长 λ 有关,因此,折射定律表明:以同一入射角 θ_1 入射的不同波长 λ 的光的折射角 θ_2 是不同的,从而将沿空间的不同方向传播.因此,利用折射定律可以使含不同波长成分的光在几何空间形成按波长的有序排列,即光谱.

(2) 障碍物小于波长.

光在传播过程中,若遇到小于波长的小物体、小孔或窄缝等障碍物,将出现衍射和干涉等波动光学现象.

当光垂直照射不透明小物体、小孔或窄缝等障碍物时,在离照明物体足够远的空间,光斑强度不再均匀分布.平行光和非平行光照射将分别出现所谓夫琅禾费衍射(Fraunhofer diffraction)和菲涅耳衍射(Fresnel diffraction).

① 夫琅禾费衍射.

(i) 单缝夫琅禾费衍射.

空间均匀分布着波长为 λ 的单色平行光,经缝宽为 a 的单缝,会出现单缝夫琅禾费衍射.它在空间的强度分布公式为

$$I_0(\sin\alpha/\alpha)^2, \tag{1.27}$$

其中 $\alpha = \pi a \sin\theta/\lambda$,称为单缝衍射因子.当

$$a\sin\theta = \pm k\lambda, k = 1,2,3,\cdots \tag{1.28-1}$$

时,出现暗条纹;当

$$a\sin\theta = \pm(2k+1)\frac{\lambda}{2}, k = 0,1,2,\cdots \tag{1.28-2}$$

时,出现明条纹.

衍射强度如图 1-7(a)所示,其中曲线是根据计算得到的结果.

(ii) 圆孔和圆板夫琅禾费衍射.

单色平行光经圆孔和圆板的夫琅禾费衍射所产生的光斑如图 1-7(b)所示,并特称艾里斑(Airy disk).

② 干涉现象.

两个频率为 ω 且振动方向相同但振幅 A 和初相位 φ 不同的简谐振动,

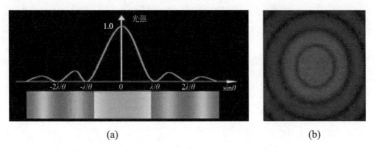

图 1-7 单缝夫琅禾费衍射强度(a)以及艾里斑(b)

若它们之间的相位差 $\varphi_2 - \varphi_1$ 固定,则它们的总强度为

$$I = A_1^2 + A_2^2 + 2A_1 A_2 \cos(\varphi_2 - \varphi_1). \tag{1.29}$$

式(1.29)中的交叉项为干涉项.频率和振动方向相同但是相位差不变的两个光束就是所谓相干光,会产生干涉现象.

通常采用频率和振动方向相同的同一光源,然后采取下列方法产生相位差不变的光束,从而产生相干光.

(i) 分波阵面法.

利用狭缝可以将同一光源波阵面加以分割,从而产生两个以上的光束,双狭缝分波阵面法如图 1-8 所示.显然,它们之间的相位差是固定不变的,因此它们必定是满足相干条件的相干光.从而使得光在某些区域始终加强,在另一些区域则始终减弱,形成稳定的强弱分布,即出现多光束干涉现象.

当波长为 λ、强度为 I_0 的入射光照射 N 条狭缝时,由 N 条狭缝分波阵面法形成的强度同为 I_0 的 N 条光束所形成的干涉强度为

$$I = I_0 N^2 / [1 + (N^2 - 1) \sin^2(\theta/2)], \tag{1.30}$$

其中衍射角 $\theta = \pm(2k+1)\pi/N, k = 0, 1, 2, 3, \cdots$.于是,将出现 $\pm k$ 个不同衍射角的主峰.当 $N > 2$ 时,两个主峰间有 $N - 2$ 个次峰.光束数 $N = 2 \sim 4$ 的多光束干涉的 $k = 0$ 和 $k = \pm 1$ 的衍射光的强度 I 的计算结果如图 1-9 所示.

多光束干涉使波长 λ 不同的入射光的出射角 θ 不同,即出现了色散效应.于是,多狭缝的干涉结构就可以成为光谱仪的分光元件.

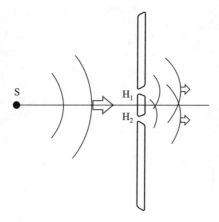

图 1-8　双狭缝分波阵面法示意图

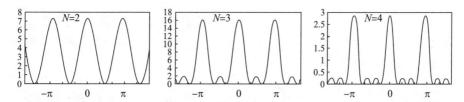

图 1-9　光束数 N＝2～4 的多光束干涉的 k＝0 和 k＝±1 的衍射光的强度 I 的计算结果

（ii）分振幅法.

对于一束入射光产生的反射光，其振幅必是从前者振幅中分得的一部分，并出现固定不变的相位差，因此这两束光也必定是相干光.

分振幅法有双光束的迈克耳孙干涉（Michelson interference）和多光束的法布里-珀罗干涉（Fabry-Perot interference）两类，两类干涉仪如图 1-10 所示.

迈克耳孙干涉仪中的 G_1 是一面镀上半透半反膜的平板透明物，G_2 为补偿板，M_1，M_2 为两块相互垂直的平面反射镜，M_2 是固定的，M_1 可以前后移动，如图 1-10(a)所示.当 M_1 移动时有等倾干涉的圆环形条纹不断从中心"吐出"或向中心"吞进".M_1 移动距离 d 与条纹移动数 N 满足:$d＝N\lambda/2$，其中 λ 为入射光波长.探测器接收到的光强为

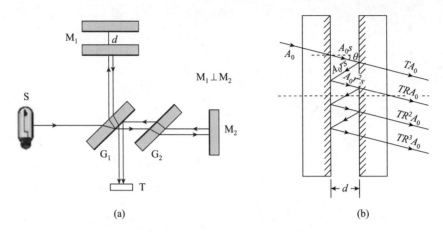

图 1-10　迈克耳孙干涉仪(a),法布里-珀罗干涉仪(b)

$$I(\Delta) = \int_0^\infty B(\upsilon)\cos(2\pi\upsilon\Delta)\mathrm{d}\upsilon \ . \tag{1.31}$$

式(1.31)正好是干涉光强 $B(\upsilon)$ 的傅里叶积分(Fourier integral).因此,进行傅里叶变换就可以得到干涉光谱.因而,以迈克耳孙干涉仪为色散元件的光谱仪被称为傅里叶变换光谱仪.

　　如图 1-10(b)所示,法布里-珀罗干涉仪是一对平面玻璃板.当光束 A_0 以一角度入射玻璃板时,透射光束 TA_0 依次产生一次反射 TRA_0、二次反射 TR^2A_0 和三次反射 TR^3A_0 等透射光.各个透射光成为有固定相位差的相干光,于是就产生了多光束干涉.此法布里-珀罗干涉仪的突出优点是分辨率极高,缺点是它的自由光谱范围太小. 因此,人们一般只把它用在布里渊散射光谱仪上.

1.2.5　等离激元的发光模型和经典理论结果

1. 等离子体(plasma)

　　当电子从原子中分离出来,就形成了如图 1-11(a)所示的带正电的原子核和带负电的电子所组成的等离子体.

2. 等离激元(plasmon)

当正负离子出现有序排列并产生振动波时,对该振动波进行量子化就成为元激发,即如图 1-11(b)所示的等离激元.例如,对金属中自由电子气密度相对于固定正离子的集体振荡进行量子化就成为等离激元.在光频范围,等离激元在金属的光学特性中起着很大的作用.

在金属与电介质交界面,例如在空气中的金属片,对其表面形成的非局域离子的集体振荡进行量子化,就成为如图 1-11(c)所示的表面等离激元(surface plasmon).

等离激元和表面等离激元都是电荷对,类似电偶极子那样,也将产生电磁场.

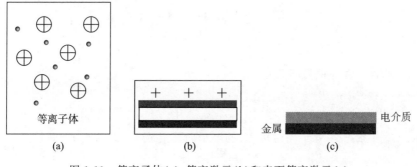

图 1-11 等离子体(a),等离激元(b)和表面等离激元(c)

3. 等离激元发光的经典理论——电场的强度

通过麦克斯韦方程组计算的表面等离激元的电场的强度的空间分布如图 1-12(a)所示.垂直界面方向是强大的但随距离增加呈指数衰减的隐失场,平行界面方向是传播场.

作为对比,在图 1-12(b)中展示了振荡电偶极子的电场的强度的空间分布示意图.

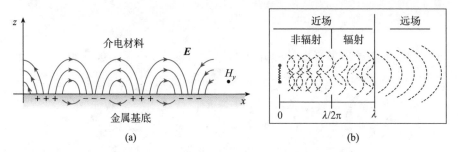

图 1-12　表面等离激元(a)和振荡电偶极子(b)的电场的强度的空间分布示意图

因为在有隐失特性的场内可以获得超高分辨率的光学信号,所以在振荡电偶极子的近场区和表面等离激元的界面区,不存在分辨率极限,可以获得超高分辨率的光学信号.

§1.3　发光的量子模型和理论

1.3.1　发光的量子模型

量子力学认为体系的能量是不连续的分立能级,如图 1-13(a)所示. 图 1-13(b)展示了处于高能级 E_1 的电子向低能级 E_0 的跃迁,若能量差

$$E = E_1 - E_0 \tag{1.32}$$

转变为振荡电磁场的能量,则会出现发光现象.

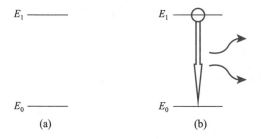

图 1-13　分立能级(a)和能级跃迁发光(b)的示意图

1.3.2 发光的量子理论

量子理论中的能级跃迁概率

$$R_{nm}(t) = \frac{1}{\hbar^2} \left| \int_0^t \exp(\mathrm{i}\omega_{nm}t) H'_{nm} \mathrm{d}t \right|^2 \tag{1.33}$$

是量子力学中描述发光过程的关键物理量, 其中

$$H'_{nm}(t) = \langle \varphi_n(\boldsymbol{r}) | \boldsymbol{H}'(t) | \varphi_m(\boldsymbol{r}) \rangle. \tag{1.34}$$

因为

$$\begin{aligned} H'(t) &= -e\chi = e\boldsymbol{E} \cdot \boldsymbol{r} \\ &= -\boldsymbol{p} \cdot \boldsymbol{E} = -\boldsymbol{p} \cdot \boldsymbol{E}_0 \cos\omega_0 t, \end{aligned} \tag{1.35}$$

所以

$$\begin{aligned} H'_{nm}(t) &= \langle \varphi_n(\boldsymbol{r}) | \boldsymbol{H}'(t) | \varphi_m(\boldsymbol{r}) \rangle \\ &\approx \langle \varphi_n(\boldsymbol{r}) | \boldsymbol{p} | \varphi_m(\boldsymbol{r}) \rangle = p_{nm}. \end{aligned} \tag{1.36}$$

显然, 只有 p_{nm} 不为零, 才能出现光发射. 波函数 $\varphi_n(\boldsymbol{r})$ 和 $\varphi_m(\boldsymbol{r})$ 是正交的, 因此

$$\left. \begin{aligned} -er_0 &= C \\ -er(t) & \end{aligned} \right\} \quad p_{nm} = \langle \varphi_n(\boldsymbol{r}) | \boldsymbol{p} | \varphi_m(\boldsymbol{r}) \rangle \left\{ \begin{aligned} &= 0, \\ &\neq 0, \end{aligned} \right. \tag{1.37}$$

从而得到产生光发射的条件是电偶极子的 r 随时间改变, 即带电粒子在平衡位置附近振荡. 因此, 量子力学在微观运动的层次上解释了光发射的机制.

在平衡状态时, 能级上的粒子数遵守玻耳兹曼分布 (Boltzmann distribution) $\exp(-\hbar\omega/KT)$, 其中 K 和 T 分别是玻耳兹曼常数和绝对温度. 而对于拉曼散射, 斯托克斯 (Stokes) 光强 $I_{k,\mathrm{s}}$ 和反斯托克斯 (anti-Stokes) 光强 $I_{k,\mathrm{as}}$ 表达为

$$I_{k,\mathrm{s}} \propto 1/[1 - \exp(-\hbar\omega_k/KT)], \tag{1.38}$$

$$I_{k,\mathrm{as}} \propto 1/[\exp(+\hbar\omega_k/KT) - 1], \tag{1.39}$$

从而得到斯托克斯光强 $I_{k,\mathrm{s}}$ 和反斯托克斯光强 $I_{k,\mathrm{as}}$ 的比值为

$$I_{k,\mathrm{s}} / I_{k,\mathrm{as}} \propto \exp(-\hbar\omega_k/KT). \tag{1.40}$$

因为

$$\exp(-\hbar\omega_k/KT)\gg 1, \tag{1.41}$$

所以必有

$$I_{k,s} > I_{k,as}.$$

由此,量子力学解释了经典理论无法解释的斯托克斯拉曼散射强度大于反斯托克斯拉曼散射强度的现象.

§1.4　受激发光的模型和理论

1.4.1　受激电偶极子和受激表面等离激元发光模型

1. 受激电偶极子发光模型

如图 1-14(a)所示,一个电偶极子受外能量的激发,将发生振荡,出现受激振荡电偶极矩 $\boldsymbol{p}_s(t)$,产生受激辐射电场 $\boldsymbol{E}_s(t)$.于是,受激振荡电偶极子就成为受激发光的光源.

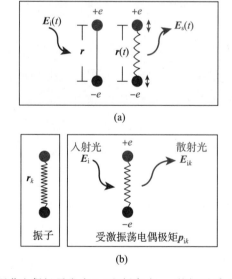

图 1-14　受激振荡电偶极子发光(a)和频率为 ω_k 的振子受入射光 $\boldsymbol{E}_i$ 照射激发发光(b)的示意图

图 1-14(b) 展示了一个频率为 ω_k 的振子受入射光 $\boldsymbol{E}_i$ 照射激发,将产生与入射光频率 ω_i 和振子频率 ω_k 相关的电场 $\boldsymbol{E}_{ik}$.于是 $\boldsymbol{E}_{ik}$ 就是振子受光照产生的拉曼散射光.

图 1-15 展示了金属针尖受光照射产生的发光效应.金属针尖表面存在的正负电荷受外电磁场激发,发生如图 1-15(a) 所示的沿光场方向的移动,在针尖处形成高密度的电荷积累和振荡,产生受激振荡电偶极矩和极强的光发射现象,分别成为如图 1-15(b) 和图 1-15(c) 所示的避雷针和发射天线.

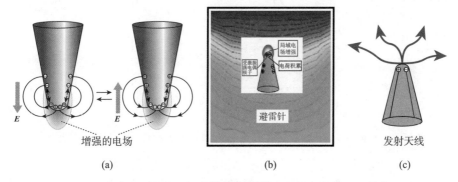

图 1-15   金属针尖表面受外电磁场激发出现高密度的电荷积累和振荡(a),出现避雷针(b)和发射天线效应(c)的模拟图

2. 受激表面等离激元发光模型

如图 1-16(a) 所示,表面等离激元的金属表面受光照后,形成如图 1-16(b) 所示的表面等离极化激元.

显然,上面的讨论给出了一个拉曼光谱仪的技术措施:具有多类型和大数量的电偶极子实体是产生多类型和大强度拉曼散射的重要前提.

此外,利用避雷针结构可以增大该结构附近的激发光电场,得到另一个拉曼光谱仪的技术措施:引入发射天线结构可以将该结构附近的电磁场,如散射光发送至远处.

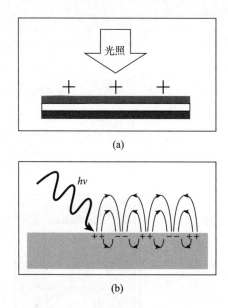

图 1-16　表面等离激元的金属表面受光照(a)以及由此形成的表面等离极化激元(b)的示意图

1.4.2　受激发光的经典理论

当光束入射到含有带电粒子的体系中,由于入射光和带电粒子之间的相互作用,粒子将受迫做局域运动,成为具有受激振荡电偶极矩 $\boldsymbol{p}_s(t)$ 的电偶极子,并产生发光现象.如果入射光不算太强,受激振荡电偶极矩 $\boldsymbol{p}_s(t)$ 将和入射光电场 $\boldsymbol{E}(t)$ 呈线性关系,即

$$\boldsymbol{p}_s(t) = \boldsymbol{\alpha} \cdot \boldsymbol{E}(t), \tag{1.42}$$

其中比例系数 $\boldsymbol{\alpha}$ 称为极化率.显然它反映了介质本身的性质.一般情况下,$\boldsymbol{p}_s$ 和 $\boldsymbol{E}$ 不在一个方向上,所以 $\boldsymbol{\alpha}$ 是一个二阶张量,可以写成如下的张量形式:

$$\boldsymbol{\alpha} \equiv \begin{pmatrix} \alpha_{xx} & \alpha_{xy} & \alpha_{xz} \\ \alpha_{yx} & \alpha_{yy} & \alpha_{yz} \\ \alpha_{zx} & \alpha_{zy} & \alpha_{zz} \end{pmatrix}. \tag{1.43}$$

于是,增大入射光电场 E 可以直接加大受激振荡电偶极矩 p_s,从而加大如拉曼散射光等受激发光的强度.

$E(t)$ 是激发光的功率密度.因此,我们又获得一个拉曼光谱仪的技术措施:使用大功率激发光源和能产生小光斑的激发光聚焦透镜可以直接加大激发光的功率密度,从而增加拉曼散射光的强度.

在 1.1.2 节中已指出,涨落是产生光散射的根源.显然,介质中的微观涨落,例如小振动 k 会改变反映介质特性的极化率 $\boldsymbol{\alpha}$.因此,可以利用极化率 $\boldsymbol{\alpha}$ 具体讨论由微观涨落产生光散射的机制.

1. 极化率 $\boldsymbol{\alpha}$ 的表达式

介质内频率为 ω_k 的振动 k 的位置 Q_k 的正则坐标可写为

$$Q_k = Q_{k0}\cos(\omega_k t + \varphi_k), \tag{1.44}$$

于是,与原子或离子位置变化相关的振动的极化率 $\boldsymbol{\alpha}$ 可以表示为正则坐标的函数并做泰勒展开(Taylor expansion).$\boldsymbol{\alpha}$ 的分量 α_{ij} 可展开为

$$\alpha_{ij} = (\alpha_{ij})_0 + \sum_k \left(\frac{\partial \alpha_{ij}}{\partial Q_k}\right)_0 Q_k + \frac{1}{2}\sum_{k,l}\left(\frac{\partial^2 \alpha_{ij}}{\partial Q_k \partial Q_l}\right)_0 Q_k Q_l$$
$$+ \cdots, \tag{1.45}$$

其中 Q_k 和 Q_l 分别是频率为 ω_k 和 ω_l 的振动模的正则坐标,求和遍及所有正则坐标,符号( )$_0$ 意味着括号中的物理量取其平衡位置的值,因而 $(\alpha_{ij})_0$ 是原子在其平衡位置时的极化率.

2. 小振动 k 的极化率 $\boldsymbol{\alpha}_k$ 和对应的受激振荡电偶极矩 $p_{s,k}$

$\boldsymbol{\alpha}_k$ 的分量 $(\alpha_{ij})_k$ 只需考虑到对正则坐标 Q_k 做泰勒展开的一次项:

$$(\alpha_{ij})_k = (\alpha_{ij})_0 + (\alpha'_{ij})_k Q_k, \tag{1.46}$$

其中

$$(\alpha'_{ij})_k = \left(\frac{\partial \alpha_{ij}}{\partial Q_k}\right)_0. \tag{1.47}$$

对应的极化率可以表示为

$$\boldsymbol{\alpha}_k = \boldsymbol{\alpha}_0 + \boldsymbol{\alpha}'_k Q_k . \tag{1.48}$$

由外电场 $\boldsymbol{E}_i$ 激发的小振动 k 产生的受激振荡电偶极矩为

$$\boldsymbol{p}_{s,k} = \boldsymbol{\alpha}_k \cdot \boldsymbol{E}_i , \tag{1.49}$$

于是,如果极化率 $\boldsymbol{\alpha}_k$ 不随位置(空间坐标)变化,即 $\boldsymbol{\alpha}_k$ 是常数 $\boldsymbol{\alpha}_0$,也即

$$(\alpha'_{ij})_k = \left(\frac{\partial \alpha_{ij}}{\partial Q_k}\right)_0 = 0 \text{时},必定有$$

$$\boldsymbol{p}_{s,k} = \boldsymbol{\alpha}_0 \cdot \boldsymbol{E}_i ,$$

于是受激振荡电偶极矩 $\boldsymbol{p}_{s,k}$ 的频率 ω_s 与外电场 $\boldsymbol{E}_i$ 的频率 ω_i 相同,即

$$\omega_s = \omega_i , \tag{1.50}$$

表明不产生拉曼散射.

而在 $(\alpha'_{ij})_k = \left(\dfrac{\partial \alpha_{ij}}{\partial Q_k}\right)_0 \neq 0$ 时,必定有

$$\omega_s \neq \omega_i , \tag{1.51}$$

表明当存在随位置(空间坐标)变化的极化率 $\boldsymbol{\alpha}_k$ 时,将产生拉曼散射.

3. 小振动 k 的电偶极矩 $\boldsymbol{p}_{s,k}$ 和拉曼散射机制

根据小振动 k 的极化率 $\boldsymbol{\alpha}_k$ 的表达式,知小振动 k 的极化率 $\boldsymbol{\alpha}_k$ 只需展开至一次项,即

$$\boldsymbol{\alpha}_k = \boldsymbol{\alpha}_0 + \boldsymbol{\alpha}'_k Q_{k0} \cos(\omega_k t + \varphi_k) ,$$

而入射光电场可表达为

$$\boldsymbol{E} = \boldsymbol{E}_0 \cos\omega_0 t ,$$

于是,受激振荡电偶极矩表达为

$$
\begin{aligned}
\boldsymbol{p}_{s,k} &= \boldsymbol{\alpha}_k \cdot \boldsymbol{E} \\
&= \boldsymbol{\alpha}_0 \cdot \boldsymbol{E}_0 \cos\boxed{\omega_0} t \qquad\qquad \Longrightarrow \text{瑞利散射} \\
&\quad + \frac{1}{2} Q_{k0} \boldsymbol{\alpha}'_k \cdot \boldsymbol{E}_0 \cos[\boxed{(\omega_0 - \omega_k)} t + \varphi_k] \Rightarrow \begin{array}{l}\text{斯托克斯}\\\text{拉曼散射}\end{array} \\
&\quad + \frac{1}{2} Q_{k0} \boldsymbol{\alpha}'_k \cdot \boldsymbol{E}_0 \cos[\boxed{(\omega_0 + \omega_k)} t + \varphi_k] \Rightarrow \begin{array}{l}\text{反斯托克斯}\\\text{拉曼散射}\end{array} .
\end{aligned} \tag{1.52}
$$

结果表明,与小振动 k 关联的受激振荡电偶极矩 $\boldsymbol{p}_{s,k}$ 分别产生 $\omega_s = 0$ 的瑞利散射和 $\omega_s = \omega_0 \pm \omega_k$ 的反斯托克斯和斯托克斯拉曼散射.于是,经典受激振荡电偶极子模型很好地解释了拉曼散射的机制.

1.4.3 受激发光的量子模型

如图 1-17(a)所示,处于低能态 E_0 的体系受光照射后,该体系吸收光能跃迁至高能态 E_1,因此在出射光中没有了相应被吸收波长的光,即发生光吸收现象.

如图 1-17(b)所示,处于低能态 E_0 的体系受光照射后,该体系吸收光能跃迁至高能态 E_1.若再回到某一低能态 E_x,而能量差 $\Delta E = E_1 - E_x$ 以电磁场的形式释放,则出现光发射现象.如果激发能源来自光、电、热等,则分别称为光致、电致、热致等不同类型的发光.

如图 1-17(c)所示,光照媒质中的微观涨落,会产生光致发光中的一类光散射.若产生光散射媒质的微观涨落的能量很小,如原子和分子的涨落分别对应于波长 0.5 mm 和 10 mm.可见光不能与它们发生直接相互作用,只能通过电子跃迁作为中介发光,但是电子跃迁的能级不是实能级,因而使常规拉曼散射的强度很低.图 1-17(c)描绘了这个过程.若散射光和入射光的能量差为 $\Delta E = E_s - E_i$,那么,如果 E_i =电子基能级,就产生瑞利散射;如果 E_i =正振动基能级,就产生斯托克斯拉曼散射;如果 E_i =负振动基能级,就产生反斯托克斯拉曼散射.

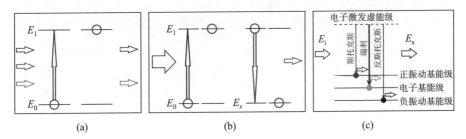

图 1-17　光吸收(a),光发射(b)和光散射(c)的量子能级跃迁机制模拟图

如图 1-18(a)所示,入射光能量与电子实能级相结合产生的拉曼散射就是共振拉曼散射.共振拉曼散射强度可以很大,从而可以观测到弱的拉曼光谱线.而确定的拉曼散射强度随激光能量变化的峰值就与样品的电子能级结构相关联,图 1-18(b)和图 1-18(c)分别展示了某样品的电子能级结构及其拉曼散射强度随激光能量变化的拉曼光谱.图 1-18(c)显示的拉曼光谱的峰值就反映了图 1-18(b)所示的某样品的电子能级结构.

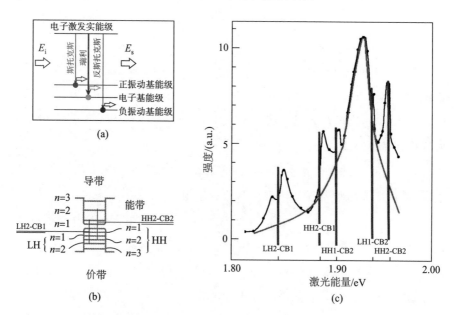

图 1-18　共振拉曼散射机制的示意图(a),某样品的电子能级结构(b)及其拉曼散射强度随激光能量变化的拉曼光谱(c)

上述共振拉曼散射的讨论给出了一个拉曼光谱仪的技术措施:共振拉曼散射可以增大拉曼光谱强度.

参考文献

[1] Jackson J D. Classical Electrodynamics:Second Edition. John Wiley & Sons,1975.

第二章　　光谱与分光元件以及
光栅光谱与拉曼光谱

§2.1　光谱的概念和参数

2.1.1　光谱的概念

"光谱"是一个学术名词,国内外著名词典和维基百科对它均有简洁的解释.

(1) 牛津词典(*Oxford English Dictionary*,1962):

Image of a band of colors(彩色带的像).

(2) 现代汉语词典(2016):

复色光通过棱镜或光栅后,分解成的单色光按波长大小排成的光带.图 2-1是其示意图.

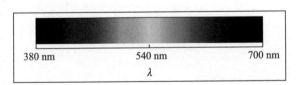

图 2-1　单色光排成的光带——光谱的示意图

(3) 维基百科(Wikipedia,22 Jan 2014):

The word was first used scientifically within the field of optics to describe the rainbow(这个词首次出现在光学领域是被用来系统地描述彩虹的).In the 17th century the word spectrum was introduced into optics by

Isaac Newton, referring to the range of colors observed when white light was dispersed through a prism（在 17 世纪，艾萨克·牛顿将光谱引入光学，指的是当白光通过棱镜色散时观察到的颜色范围）. Soon, the spectrum is referred to a plot of light intensity as a function of frequency or wavelength（很快，光谱就被认为是光强作为频率或波长的函数图像）.

2.1.2   光谱参数

光谱参数表达光谱的特性，主要有频率 ω/波长 λ、强度 I、线宽/峰宽 $\Delta\omega$ 和线型等.

1. 光谱参数与光谱的关联

光谱参数与光谱的关联可用图 2-2 表达.

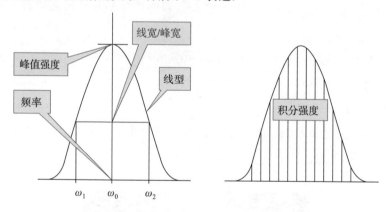

图 2-2   光谱参数与光谱光联的示意图

（1）频率 ω/波长 λ.

光谱峰所对应的频率 ω 或波长 λ 值.

（2）强度 I.

光谱强度分为峰值/积分强度两种. 峰值强度是谱峰对应的强度值，积分强度是整个光谱所有面积的强度积分值.

（3）线宽/峰宽 $\Delta\omega$.

线宽/峰宽一般定义为光谱峰半高处的半宽度（半高半宽-HWHM）或半高处的全宽度（半高全宽-FWHM）.

（4）线型.

光谱的线型有对称和非对称两类.图 2-3 就展示了一个实测的块状和纳米线状硅的拉曼光谱，它们分别是对称和非对称的线型[1].

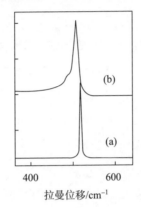

图 2-3　实测块状（a）和纳米线状（b）硅的拉曼光谱[1]

（5）分辨率.

上述光谱参数是针对单峰而言的,而对于如图 2-4 所示谱峰重叠的光谱,就会出现光谱的分辨问题.由此,我们得到拉曼光谱仪的另一主要技术要求:必须设法获取可分辨的光谱.

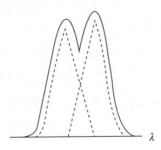

图 2-4　两个谱峰（虚线）重叠光谱的示意图

2. 光谱参数与光谱光源的关联

当光谱光源以振荡电偶极子和量子能级跃迁发光理论讨论时,可得到光谱参数的物理本质.

(1) 频率 ω/波长 λ.

对应光谱光源的频率 ω/波长 λ.

(2) 强度.

对于光谱光源的电偶极矩的振幅为 p_0,当离光谱光源的距离 R 分别属于近场区和远场区时,对应的光谱强度 I 分别是式(1.17)和式(1.18)已给出的下列两式:

$$I_{近场} = (1/R^6)\, p_0^2(t)\, \sin^2\theta\ ,$$
$$I_{远场} = (k^4/R^2)\, p_0^2(t)\, \sin^2\theta\ .$$

(3) 线宽/峰宽.

通常光谱总有一定的宽度,其原因有下列两种.

① 不确定性原理.

不确定性原理是说一对共轭的动力学变量,例如能量 E 和时间 t 以及坐标 r 与动量 p,不可能同时具有确定的数值,它们测量误差的乘积必大于普朗克常数(Planck constant),即

$$\Delta r \cdot \Delta p \geqslant \hbar, \tag{2.1}$$
$$\Delta E \cdot \Delta t \geqslant \hbar, \tag{2.2}$$

也就是说存在一个测不准关系.

显然,粒子不能在一个能级停留无限长时间,即停留时间 t 必定是一有限时间 Δt.于是根据测不准关系,ΔE 也必定有限,即能级必有宽度 ΔE.于是根据发光的量子能级跃迁模型,光谱的光源物质的能级有宽度 ΔE,必导致光谱有宽度 $\Delta\omega$.如图 2-5 所示,能级宽度 ΔE 越宽,光谱宽度 $\Delta\omega$ 就越宽;反之亦然.

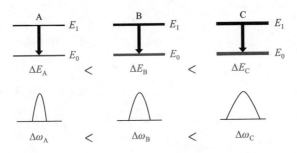

图 2-5 能级宽度 ΔE 对应光谱宽度 $\Delta\omega$ 的示意图

② 微分散射截面不发散.

量子力学对包括光荧光和光散射等光致发光用下列微分散射截面描述:

$$\frac{\mathrm{d}^2\sigma}{\mathrm{d}\Omega\,\mathrm{d}E} \propto \frac{|\boldsymbol{p}_{nk}\cdot\boldsymbol{E}_0|^2}{4\hbar^2}\frac{\sin^2[(\omega_{nk}-\omega_0)\,t/2]}{[(\omega_{nk}-\omega_0)\,t/2]^2}, \tag{2.3}$$

其中 E_0 和 ω_0 分别是入射电场的振幅和频率,跃迁矩阵元 $\boldsymbol{p}_{nk}$ 和频率 ω_{nk} 表达如下:

$$\boldsymbol{p}_{nk} = \langle\varphi_n(\boldsymbol{r})\,|\,\boldsymbol{p}\,|\,\varphi_k(\boldsymbol{r})\rangle, \tag{2.4}$$

$$\omega_{nk} = (\varepsilon_n - \varepsilon_k)/\hbar. \tag{2.5}$$

微分散射截面在 $\omega_{nk}=\omega_0$ 时是发散的,这显然不符合真实情况.因此,真实的微分散射截面应是

$$\frac{\mathrm{d}^2\sigma}{\mathrm{d}\Omega\,\mathrm{d}E} \propto \frac{|\boldsymbol{p}_{nk}\cdot\boldsymbol{E}_0|^2}{4\hbar^2}\frac{\sin^2[(\omega_{nk}-\omega_0)\,t/2]}{[(\omega_{nk}-\omega_0)\,t/2]^2-\mathrm{i}/\tau}, \tag{2.6}$$

i/τ 的出现表明能级必定有宽度 τ,预示着在光谱中谱线必定有线宽 τ.

(4) 线型.

光谱的线型反映参与能级跃迁的不同能量粒子数量的分布特性.因此,光谱的线型就对应表达不同能量粒子数分布的线型.例如,作为同一类元素组成的材料,由于其微结构不同,能量粒子数的分布就会不同,从而拉曼光谱的线型就会不同,如图 2-3 所示.

（5）分辨率.

由于光谱的谱峰会出现重叠,因而出现谱峰的分辨问题.

① 谱峰重叠的根源.

谱峰重叠的根源是两峰频率太靠近而出现的两峰实质性的重叠.此外,还会出现由于波动光学的衍射效应所导致的两峰不能分辨的情况.我们要讨论的情况是衍射效应导致的谱峰重叠.

光在传播过程中如遇到不透明的小物体或小孔、窄缝,会产生由衍射效应导致的明暗相间的条纹或光环等衍射图样,从而发生偏离直线传播和邻近物体像重叠的现象,于是就出现像分辨的问题.

② 分辨率极限——瑞利判据.

对于衍射产生的光谱分辨问题,瑞利(J. W. Strutt)在 1879 年讨论光谱仪的分辨本领时,提出一个人为的关于分辨率极限的判断标准.该标准说,当来自相邻两物点的光的强度相等时,如一个物点的衍射光斑的主极大与另一个物点的衍射光斑的第一极小如图 2-6 所示恰好重合,便认为这两个物点的像刚好能被分辨.此人为的分辨率极限的判断标准日后就被称为瑞利判据.根据瑞利判据,如图 2-6 所示,分辨率,即两物点间最小可分辨距离 $\Delta x_{\min}$ 满足

$$\Delta x_{\min} \geqslant \Delta x / 2. \tag{2.7}$$

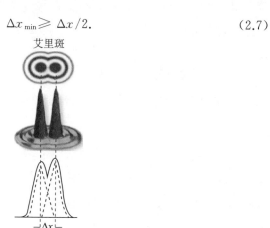

艾里斑

图 2-6   瑞利判据示意图

　　实际上,瑞利判据可以根据不确定性原理——测不准关系直接导出.由图 2-7可以看到,在令 $|\boldsymbol{k}_1| = |\boldsymbol{k}_2| = k$ 后,我们有

$$\Delta k_x = (\boldsymbol{k}_1 - \boldsymbol{k}_2)_x = 2k\sin\theta, \tag{2.8}$$

当 $\theta = \pi/2$ 时,Δk_x 显然取最大值,即

$$\Delta k_{x,\max} = 2k = 2/\lambda, \tag{2.9}$$

根据测不准关系,此时 Δx 必取最小值 $\Delta x_{\min}$,立即得到瑞利判据:

$$\Delta x_{\min} > \lambda/2. \tag{2.10}$$

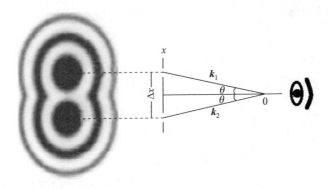

图 2-7　不确定性原理导出瑞利判据的示意图

　　图 2-7 显示的不确定性原理也预示瑞利判据可以被突破,即若对一个共轭量,如波矢 $\boldsymbol{k}$ 的测量精度不做要求,那么根据不确定性原理,另一个共轭量的测量精度 Δx 是不受限制的.例如,如果 k_x 可以大于波矢 $\boldsymbol{k}$ 的绝对值,即

$$k_x > |\boldsymbol{k}| = k, \tag{2.11}$$

此时,不确定性原理必导致

$$\Delta x < \lambda/2. \tag{2.12}$$

　　更一般地说,如果波矢 $\boldsymbol{k}$ 的分量大于其幅值,那么分辨率的瑞利判据就可以被突破.

　　波矢 $\boldsymbol{k}$ 的幅值 k 与其分量的关系为

$$k^2 = k_x^2 + k_y^2 + k_z^2, \tag{2.13}$$

$$k_x = (k^2 - k_y^2 - k_z^2)^{1/2}, \tag{2.14}$$

因此,要求 k_x 大于波矢 $\boldsymbol{k}$ 的幅值这一条件只有在 k_y 或 k_z 是虚数时才可以满足.现在我们把 k_z 用虚数形式表达,即 $k_z = ik_z$,则有

$$k_x = (k^2 - k_y^2 - (ik_z)^2)^{1/2} = (k^2 - k_y^2 + k_z^2)^{1/2}, \qquad (2.15)$$

此时, $k_x > |\boldsymbol{k}| = k$ 就可能出现.

在 P 点的光波的电场可以表示为

$$\boldsymbol{E}(\boldsymbol{r}, t) = \boldsymbol{E}(x, y, z) \exp[i(k_x x + k_y y + k_z z - \omega t)], \qquad (2.16)$$

其中 $\boldsymbol{r}$ 是 P 点的位置矢量, ω 和 t 分别代表频率和时间, $\boldsymbol{E}(x, y, z)$ 为电场的振幅, $\boldsymbol{k}(k_x, k_y, k_z)$ 是波矢.如果 k_z 是虚数,即 $k_z = ik_z$,此时的光波电场 $\boldsymbol{E}(\boldsymbol{r}, t)$ 变为

$$\boldsymbol{E}(\boldsymbol{r}, t) = \boldsymbol{E}(x, y, z) \exp[i(k_x x + k_y y - \omega t) - k_z z]. \qquad (2.17)$$

式(2.17)中 $\boldsymbol{E}(\boldsymbol{r}, t)$ 所表达的电场是在物平面 (x, y) 方向上传播且沿 z 方向衰减的隐失场.也就是说,突破分辨率极限的超高分辨光谱可以在有隐失特性的电磁场中得到.

前面已指出近场区的电磁场是隐失场,因此,分辨率极限的限制在近场区不再存在.

以上讨论使我们得到又一个拉曼光谱仪的主要技术要求,即必须能获得可分辨的光谱.

§2.2　分光元件及由其产生的光谱的特征

光谱可以自然形成,如自然界出现的彩虹.图 2-8 就展示了一个自然界出现的彩虹的照片.图 2-8 中显示的彩虹就符合关于光谱是"单色光排成的光带"的解释.

但是,人们应用的光谱都是通过人造分光元件形成的.传统的人造分光元件是基于色散效应的三棱镜和衍射光栅.

2.2.1　基于几何光学色散效应的分光元件——三棱镜及棱镜光谱的特征

光可以透过界面在另一介质中发生折射,如图 2-9(a)所示,折射光线与

图 2-8　自然界的彩虹

入射光线、法线处在同一平面内,且折射光线与入射光线分别位于法线的两侧,光的折射服从折射定律:

$$\sin\theta_1 = (n_2/n_1)\sin\theta_2,\qquad(2.18)$$

其中 θ_1,θ_2 和 n_1,n_2 分别是入射角、折射角以及入射介质和折射介质的折射率.折射率 n 与波长有关,因此,若复色光以入射角 θ_1 入射,那么不同波长光的折射角 θ_2 会不同.从而利用三棱镜可将复色光经色散变为在空间有序排列的单色光,即光谱,如图 2-9(b)所示.因此,三棱镜就成为分光元件.

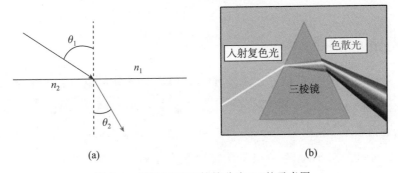

(a)　　　　　　　　　　　(b)

图 2-9　折射(a)和三棱镜分光(b)的示意图

由于折射率 n 随波长减小而增大,导致棱镜光谱在短波部分的分辨率较高.因此,棱镜光谱存在光谱波长非均匀排列的本质性缺点.

2.2.2 基于波动光学色散效应的分光元件——光栅及光栅光谱的特征

平行和等间隔的多条等宽狭缝构成所谓"光栅".图 2-10(a)展示了光栅的理论结构.光栅有透射光栅和反射光栅之分,分别如图 2-10(b)和图 2-10(c)所示.目前最常用的是反射光栅.

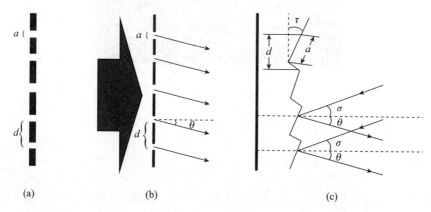

图 2-10   光栅的理论结构(a)以及透射光栅(b)和反射光栅(c)的结构和工作示意图.其中 a 是狭缝宽度,d 是狭缝间距(光栅常数),τ 是光栅角,σ 是入射角,θ 是衍射角

1. 光栅的色散效应

光栅受光照射,将同时产生单光束夫琅禾费衍射和多光束干涉.图 2-11 展示了光栅条纹数 $N = 5$ 和 $d = 3a$ 的光栅的理论计算结果.图 2-11(a)为单光束夫琅禾费衍射强度分布,图 2-11(b)为多光束干涉产生的主极大和次极大的强度分布,单光束夫琅禾费衍射和多光束干涉共同作用产生的光强的空间分布示于图 2-11(c).

2. 光栅光谱

衍射光栅产生的光谱称为"光栅光谱".

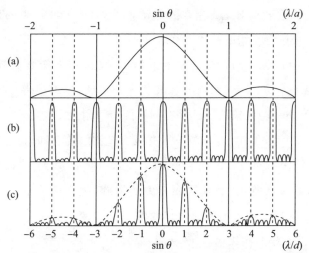

图 2-11 对光栅条纹数 $N=5$、狭缝宽度为 a 且光栅常数 $d=3a$ 的光栅,计算得到的单光束夫琅禾费衍射强度(a)和多光束干涉强度(b)以及由单光束夫琅禾费衍射和多光束干涉共同作用产生的光强的空间分布图(c)[2]

(1) 衍射光栅的光谱强度.

衍射光栅产生的光谱强度是单缝衍射和多缝干涉共同作用的结果.单缝衍射和多缝干涉产生的效应,分别由下列单缝衍射因子 α 和多缝干涉因子 β 体现:

$$\alpha = \pi a \sin\theta / \lambda, \tag{2.19}$$

$$\beta = \pi d \sin\theta / \lambda, \tag{2.20}$$

其中 a 是狭缝宽度,d 是光栅常数,θ 是衍射角.光栅条纹数为 N,光栅衍射角为 θ 的光谱强度 $I(\theta)$ 由 α 和 β 共同决定,即

$$I(\theta) = I_0 (\sin\alpha/\alpha)^2 \times (\sin N\beta/\sin\beta)^2. \tag{2.21}$$

忽略单缝衍射因子,$I(\theta)$ 仅由多缝干涉效应决定,即

$$I(\theta)_{\mathrm{Coh}} = I_0 (\sin N\beta/\sin\beta)^2. \tag{2.22}$$

(2) 光栅方程.

当多缝干涉因子 $\beta = k\pi (k=0, \pm1, \pm2 \cdots)$ 时,光谱强度 $I(\theta)_{\mathrm{Coh}}$ 的表达式

$$d(\sin\theta) = k\lambda \tag{2.23}$$

称为光栅方程.它表示对于光栅常数为 d 的光栅,不同波长 λ 的光有不同的衍射角 θ,它是讨论光谱的基本方程.

但是,同一波长 λ 的光有 k 个衍射角 θ_k,会出现 k 个极大峰.由此也可知:波长为 λ 的一级($k=1$)光谱线,波长为 $\lambda/2$ 的二级($k=2$)光谱线,波长为 $\lambda/3$ 的三级($k=3$)光谱线等都具有同样的衍射角.因而,同一块光栅产生的光谱是包含 $k=0,\pm1,\pm2,\pm3\cdots$ 所有级次光谱线的总和,在空间同一位置会出现不同级次不同波长的光谱线,即产生级次重叠.因此,光谱级次重叠是光栅光谱的本质性弱点,必须采取有力的措施,把不需要的波段隔离或滤掉,才能保证光栅光谱数据的准确和可靠.

(3) 主极大谱和次级谱.

当光栅方程中的 k 为整数时,在空间组成的不同 k 值的光谱,称为主极大谱.而当 β 不是 π 的整数倍,如 $\beta=(k+0.5)\pi(k=0,\pm1,\pm2\cdots)$,在光栅条纹数 $N>2$ 时,两个主峰间会出现次级谱,次峰个数为 $N-2$.图 2-12(a) 和图 2-12(b) 展示了计算得到的光栅条纹数 $N=6$ 的光栅的主极大谱和次级谱.

次峰的强度是主峰强度的 $1/N$,理论预测第一个次峰强度是主峰的 $1/25$[3].我们测得升华硫的第一个次峰强度是主峰的 $1/25.8$,锗的第二个次峰强度是第一个次峰的 0.31.图 2-12(c) 展示了目前常用的 $N=10^5$ 光栅在 $11\sim100$ cm^{-1} 范围内计算得到的次级谱,结果表明随着 N 增大,次峰强度很快降低.因此,在非光散射的一般光谱测量中,次峰实际上是测不出来的.

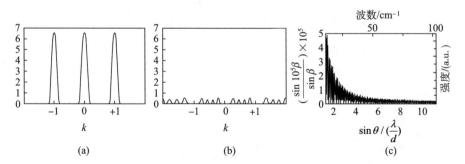

图 2-12　计算得到的 $N=6$ 的光栅的主极大谱(a)和次级谱(b)以及 $N=10^5$ 的光栅在 $11\sim100$ cm^{-1} 范围内的次级谱(c)[4]

由于光栅衍射存在次峰,导致光栅光谱存在有次级谱的本质性缺点.

3. 光栅参数

目前光谱测量中用的基本都是反射光栅,下面我们以反射光栅为例,对光栅参数做一个简单的介绍.

(1) 角色散率 $\Delta\theta$.

角色散率 $\Delta\theta$ 定义为单位波长对应的色散角 θ,利用光栅方程可以表达为

$$\Delta\theta = \delta\theta/\delta\lambda = (k/d)/\cos\theta, \tag{2.24}$$

其中 k 是衍射级次,d 是光栅常数.

由于光栅条纹数越多,d 就越小.因此,式(2.24)表明了拉曼光谱仪的一个技术措施:应用光栅条纹数多的光栅,光谱的角色散率 $\Delta\theta$ 就大,就可以测到分辨率高的光谱.

(2) 闪耀波长(blaze wavelength)λ_b.

如果反射光栅的光栅角 τ 满足下列公式:

$$2d\cos(\tau+\theta)\sin d = k\lambda, \tag{2.25}$$

则此时的 λ 称为闪耀波长 λ_b.光栅在闪耀波长工作时,效率有很大提高.有 λ_b 的光栅特称为闪耀光栅.

由此我们又获得拉曼光谱仪的一个技术措施:利用闪耀波长合适的光栅可增大相应波长范围的光谱强度.

(3) 自由光谱范围.

光栅应用于光谱测量工作时,所测一级光谱线不重复的光栅的工作波段的上限(长波)与下限(短波)的范围称为自由光谱范围.自由光谱范围的上限 λ_M 受光栅常数 d 限制,满足关系式:

$$\lambda_M < d; \tag{2.26}$$

下限 λ_m 要求:

$$\lambda_m > \lambda_M/2. \tag{2.27}$$

当光栅常数 $d > 2\lambda$ 时，自由光谱范围可以由下面的经验公式确定：

$$\frac{2\lambda_b}{2k+1} < \lambda < \frac{2\lambda_b}{2k-1}, \tag{2.28}$$

其中 λ_b 为闪耀波长，k 为衍射级次.

（4）分辨本领.

由于衍射效应，临近的两谱线只有满足瑞利判据才被认为是可分辨的.光谱仪的分辨能力称为分辨本领.若 k 为衍射级次，N 为光栅条纹数，则

$$\text{分辨本领} = kN.$$

由此我们得到拉曼光谱仪的又一个技术措施：使光栅条纹数增多可增大光谱的分辨率.

4. 闪耀光栅的特性

目前常用的光栅，除存在闪耀波长 λ_b 外，还有狭缝宽度 $a \approx$ 光栅常数 d，光栅条纹数 $N \geqslant 10^5$ 的特点.

当 $a \approx d$ 时，$k \neq 1$ 级次的主极大谱正好分别落到单缝衍射的零点位置，因此仅出现 $k=1$ 一个级次的光谱线，如图 2-13(a)红框内所示.而现在常用的光栅条纹数 $N \geqslant 10^5$，因而光栅次峰强度很弱，在实验中测不到.因此，实验通常可观测到的光谱是图 2-13(b)所示的 $k = \pm 1$ 级次的无次峰谱.

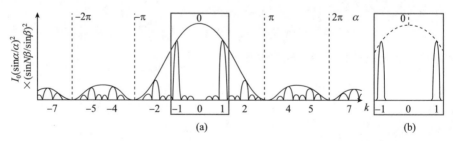

图 2-13　狭缝宽度 $a \approx$ 光栅常数 d 的闪耀光栅的根据计算得到的光谱图(a)，以及实验通常可观测到的无次峰的光谱示意图(b)

5. 光散射的光栅光谱

对于光散射,第一章已提到将同时出现的瑞利散射、布里渊散射和拉曼散射等三类散射中,瑞利散射的强度是拉曼散射的 10^8 倍.因此,瑞利散射的次峰对拉曼散射可能会有很大影响.下面将对瑞利散射的次峰进行专门讨论.

(1) 理论预期的瑞利散射次峰相对于其主峰的强度.

表 2-1 列出了根据理论计算得到的瑞利散射次峰距其主峰的波数和其与主峰的强度比值.它清楚地表明,对于强度小于瑞利散射 10^{-8} 的拉曼散射来说,瑞利散射次峰在小于 100 cm^{-1} 的范围内可能成为拉曼光谱主导性的杂散光谱.

表 2-1   根据理论计算得到的瑞利散射次峰距其主峰的波数和其与主峰的强度比值[4]

次峰级数	距主峰的波数/cm^{-1}	与主峰的强度比值
1	0.3	0.4
10	2.6	10^{-3}
100	26	10^{-5}
190	50	3×10^{-6}
380	100	7×10^{-7}

历来拉曼光谱的低波数杂散光都是很受关注的,对其根源的研究已有很久的历史,2005 年发表的一篇论文[5]对此做了结论性的论述:The stray light originates from the blemishes and dust particles in the dispersive and reflective elements of monochrometer and from unintentional light reflections and chattering(杂散光来源于单色仪中的色散、反射元件上的瑕疵和尘埃粒子以及无用光反射和颤动).

我们上述理论工作说明这个由著名拉曼光谱学家阿舍(S. A. Asher)等人所做的结论性论述是错误的,也表明要完全肯定上述理论发现需要有实验方面的证据.

（2）实测的瑞利散射次级谱[6,7].

图 2-14(a)展示了实测的来自激光，Ge，SiC，GaAs，左旋胱氨酸和升华硫的散射光谱.不同样品出现的峰数、各峰的频率均一样，各峰间频率的误差也均在 0.2 cm^{-1} 的范围内，加上没有任何拉曼散射峰的痕迹，表明各峰只能是来自样品的光栅次峰.图 2-14(b)是实测升华硫的瑞利散射次级谱和拉曼光谱.虽然拉曼散射峰十分明显和强大，但是在瑞利散射次级谱中没有出现任何拉曼散射峰的痕迹.因此，图 2-14 从实验上证明了上述关于瑞利散射次峰是拉曼光谱低波数区域杂散光谱根源的理论预测.

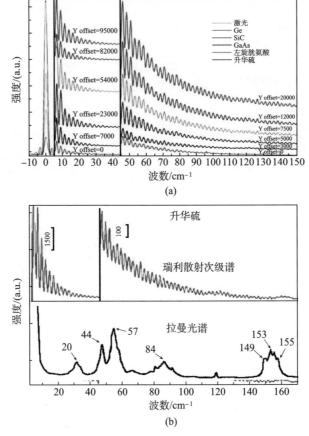

图 2-14　实验观察到的在波数小于 150 cm^{-1} 区域的不同样品的散射光谱(a)
以及升华硫的拉曼光谱和瑞利散射次级谱(b)

上述实验结果为拉曼光谱仪提供了一个技术措施:抑制瑞利散射次峰是降低拉曼光谱低波数区域杂散光谱的关键技术.

§2.3 光谱的类型

2.3.1 基于产生光谱的电场参数的分类

传统意义上的光谱是辐射电场

$$E = E_0(r, t)e^{i(k \cdot r + \omega t)} \tag{2.29}$$

的强度 $I = |E|^2$ 随其频率 ω/波长 λ 变化的记录.

由式(2.29)可以发现,光谱还与位置 r、传播方向 k 和时间 t 等参数有关,而相应的光谱就分别成为随空间、方向和时间变化的光谱.

1. 基于光谱频率 ω,即波长 λ 范围不同的光谱分类

基于光谱频率 ω,即波长 λ 范围不同的光谱分类在图 2-15 中有详细表达,即 X 射线光谱、紫外光谱、可见光谱、红外光谱和太赫兹光谱等.

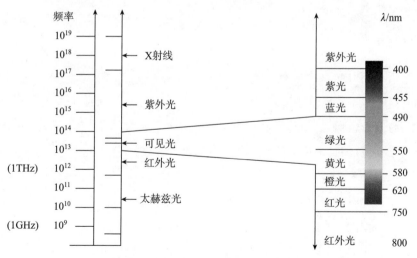

图 2-15 基于波长范围不同的光谱分类

2. 随波矢 k 方向变化的光谱——角分辨谱

图 2-16 为 ZnSe 缓冲层样品的拉曼光谱随波矢 k 方向变化的光谱图.

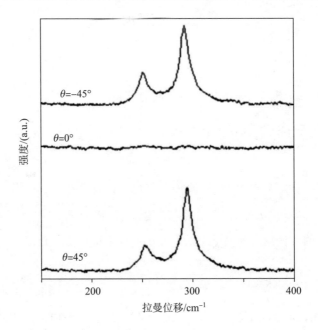

图 2-16　ZnSe 缓冲层样品的拉曼光谱随波矢 k 方向变化,即随测量角 θ 变化的光谱图

3. 与时间 t 有关的光谱

指不同时间点测到的光谱.

(1) 时间分辨谱.

时间分辨谱通常指较大时间间隔测到的光谱,如图 2-17 所示,图中分别给出了 3 月 6 日,3 月 7 日和 3 月 8 日测到的光谱.

(2) 瞬态光谱.

瞬态光谱指的是在周期极短的脉冲激光激发后,测量光谱随时间的快速变化情况. 图 2-18 给出了二氯甲烷溶液的瞬态光谱.

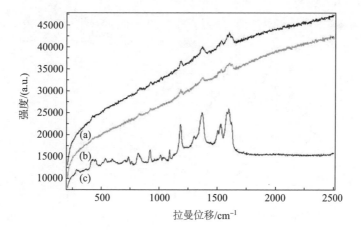

图 2-17 较大时间间隔测到的光谱,3 月 6 日(a),3 月 7 日(b),3 月 8 日(c)[8]

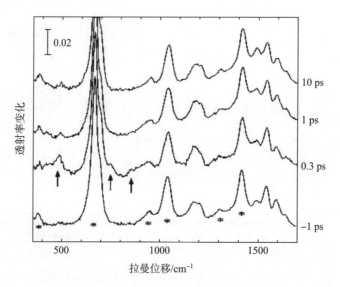

图 2-18 二氯甲烷溶液的瞬态光谱[9]

4. 偏振谱

如图 2-19 所示的拉曼光谱,其激发和散射光都是偏振光,但是它们的偏振方向不同.

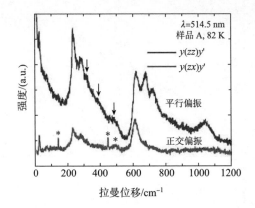

图 2-19   在背散射实验中,入射和散射光的偏振方向互相平行和正交的拉曼光谱

5. 测量取样的空间坐标 *r* 不同的光谱

图 2-20 为从非晶 GaN 样品的两个不同取样点获取的拉曼光谱.

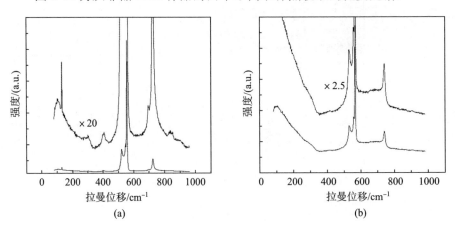

图 2-20   从非晶 GaN 样品的两个不同取样点(a)和(b)获取的拉曼光谱[10]

2.3.2   光致光谱的类型及其特征

因产生光谱的激发源不同,光谱可分为热致光谱、电致光谱和光致光谱
等类型.拉曼光谱是光致光谱中的一类.在此我们仅讨论光致光谱.光致光谱
又进一步分为光吸收、光荧光和光散射等三类光谱.

1. 光吸收光谱

如图 2-21(a)所示,当宽波长入射光的某一波长光的能量等于体系某能级的跃迁能量时,入射光会使物体从基态跃迁到激发态,因而损耗了该波长光的能量,此时的出射光谱中就缺少了该波长的光谱,成为光吸收光谱.

2. 光荧光光谱

光荧光光谱是体系受光照,使其从激发态回到基态的发光现象,如图 2-21(b)所示.

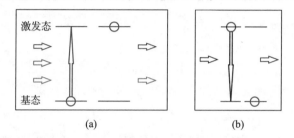

图 2-21 光吸收光谱(a)和光荧光光谱(b)

3. 光散射光谱

光散射光谱是由于物质涨落受光激发而产生的发光现象,其中微观涨落导致的光散射光谱有瑞利散射、布里渊散射和拉曼散射等三种类型,如图 2-22所示.

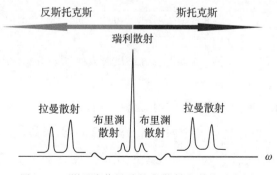

图 2-22 微观涨落导致的光散射光谱的示意图

4. 光谱之间的关联

由光激发产生的光谱之间存在关联.例如,当产生吸收和发射光谱的主体相同时,吸收和发射光谱出现互补现象,图 2-23 就显示了这种互补现象.互补现象导致两者可互相借鉴进行光谱鉴别.

图 2-23   氢原子的发射和吸收光谱图

又如,因光荧光光谱和拉曼光谱的激发光具有同一性,导致出现混扰,所以产生谱性的鉴别问题.例如,图 2-24 所示的同一 785 nm 波长激光激发的巧克力光谱出现了位于 817 nm 和 1006 nm 的两个峰.虽然后来证明了 817 nm 的小峰是拉曼峰,但是,当时很难鉴别它是光荧光光谱还是拉曼光谱.

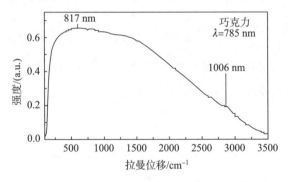

图 2-24   同一 785 nm 波长激光激发的巧克力光谱图

此外,由于不同类型光谱的产生机制不同,同一激发光源激发同一介质中同一发光光源所产生的光谱的特征/参数会不同.例如,图 2-25 展示了同一苯环分子振动产生的红外吸收光谱的光谱宽度总是比拉曼散射光谱的光谱宽度大,也就是说,红外光谱的分辨率一般不如拉曼光谱.

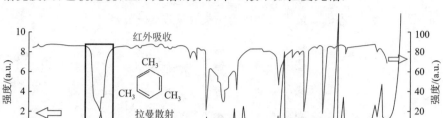

图 2-25　苯环的红外吸收和拉曼散射光谱图

2.3.3　基于发光的宏观物质不同的光谱分类

1. 分子

分子有化学分子和生物分子两大类,分子一般是化学键式结构.

第一章已提到化学键可以模拟为一个振荡电偶极子,不同的化学键就对应不同的振荡电偶极子,分子结构不同的化学分子就形成振荡电偶极子在空间的不同排列,出现的光谱特征就不同.图 2-26 就表达了有同样化学元素和同一分子结构但因其振动方式不同而出现的不同光谱频率的示意图.

2. 块状固体

块状固体是指物理效应的几何尺寸是无穷大的固体.块状固体又因其微结构有序和无序而分为晶体和非晶体.

（1）晶体.

如图 2-27(a)和图 2-27(b)所示,晶体由位于它的有序格点——晶格上的大量原子或离子构成.只要温度不为 0,原子或离子必定在格点上振动.由于格点上原子核的振动频率小于 10^{13} Hz,电子的振动频率约为 10^{15} Hz,原子核和电子间几乎不发生相互作用,处于"绝热"状态,因此原子核和电子的运动可以分离.在格点上的原子核就如波一样振动,因而被称为"格波",如图 2-27(c)所示.将格波量子化就成为一类元激发——声子.

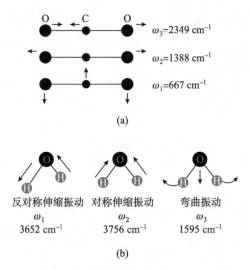

(a)

(b)

图 2-26　由同样的化学元素 C 和 O 以线性链(a)和非线性链(b)形式形成的化学分子因其振动方式不同而产生不同光谱频率的示意图

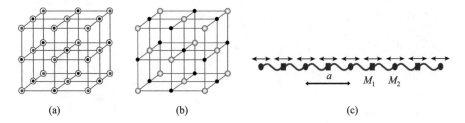

(a)　　　　　　　(b)　　　　　　　(c)

图 2-27　晶格(a)和在晶格上的原子或离子(b)及格点上的原子核的集体振动形成的格波(c)的示意图

对于如图 2-27(c)所示的双原子链,由运动方程求得声子的频率 ω 为

$$\omega^2 = f \frac{M_1 + M_2}{M_1 M_2} \left\{ 1 \pm \left[1 - \frac{4 M_1 M_2}{(M_1 + M_2)^2} \sin^2(aq/2) \right]^{1/2} \right\}, \quad (2.30)$$

其中 q 是声子波矢的大小.把上述解画成曲线就如图 2-28(a)所示,并称其为声子色散曲线.上式也表明如果晶体的质量 M_1 和 M_2 以及晶格常数 a 不同,

那么色散曲线就是不同的.图 2-28(b)就表达了具有同一晶体结构的不同原子对应的不同色散曲线.

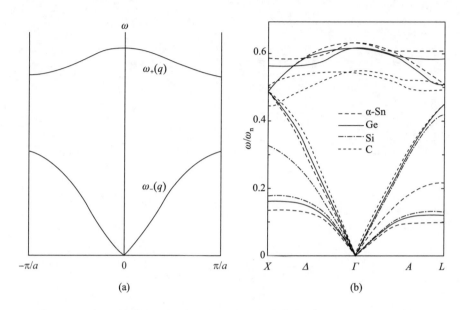

(a)　　　　　　　　　　(b)

图 2-28　图 2-27(c)所示的双原子链的声子色散曲线(a)以及具有同一晶体结构的不同原子 α-Sn,Ge,Si 和 C 的色散曲线(b)

当 q 很小(长波极限)时,如图 2-29(a)和图 2-29(b)所示,原子 I 和原子 II 的格子做完全一致的整体振动或质心保持不变的相对振动,分别称为声学波或光学波,振动频率分别为 $\omega_{-} \approx \dfrac{a}{2}\sqrt{\dfrac{2f}{M_{1}+M_{2}}}\,q$ 和

$\omega_{+} \approx \sqrt{2f \Big/ \left(\dfrac{M_{1}M_{2}}{M_{1}+M_{2}}\right)}\,q$,其声子色散曲线如图 2-29(c)所示.

以上讨论表明,根据确定对象的声子色散曲线,可以由波矢 $\boldsymbol{q}$ 直接得到该对象的相应波矢的振动频率.

晶体的拉曼散射涉及光与声子的相互作用,晶体的拉曼光谱就是这种相互作用的结果.晶体结构存在平移对称性,动量是守恒量.于是,入射光波矢 $\boldsymbol{K}_{i}$ 等于散射光波矢 $\boldsymbol{K}_{s}$ 和声子波矢 $\boldsymbol{q}$ 之和,如图 2-30 所示,即

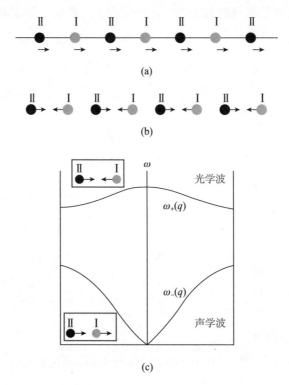

图 2-29   声学(a)和光学(b)波以及相应的声子色散曲线(c)的示意图

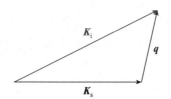

图 2-30   表达入射光波矢 $\boldsymbol{K}_i$,散射光波矢 $\boldsymbol{K}_s$ 和声子波矢 $\boldsymbol{q}$ 的动量守恒示意图

$$\boldsymbol{K}_i = \boldsymbol{q} + \boldsymbol{K}_s. \tag{2.31}$$

声子的能量相对于可见光能量很小,即近似有

$$\lambda_i = \lambda_s, \boldsymbol{K}_i = \boldsymbol{K}_s. \tag{2.32}$$

于是就有

$$q = |\boldsymbol{q}| = |\boldsymbol{K}_i - \boldsymbol{K}_s| \approx 0. \tag{2.33}$$

上述公式表明可见光的晶体拉曼散射存在 $q=0$ 的波矢选择定则.也就是说,晶体拉曼光谱的频率对应于色散曲线上 $q=0$ 的值.

于是,我们从色散曲线可以马上了解到,对于块状晶体,不存在声学声子的拉曼散射,光学声子拉曼光谱的谱峰很窄,而且还是对称的,如图 2-31 所示.由于对应不同材料及同一材料不同结构的声子色散曲线不同,因此它们的拉曼光谱也有不同的特征,如图 2-32 所示.

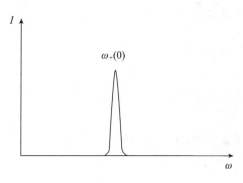

图 2-31　光学声子拉曼光谱示意图

(2) 非晶体.

非晶体是长程无序的,不存在平移对称性,动量不再是好量子数,但能量仍是好量子数.因此,可保留声子概念,但其仅是没有准动量的能量子.声子的色散曲线不再存在,但是声子数的频率分布依然存在.单位体积单位频率间隔内声子的数目称为声子态密度 $g(\omega)=\delta N/\delta\omega$. $g(\omega)$ 与体色散曲线 $\omega(\boldsymbol{q})$ 有下列关系:

$$g(\omega)=\sum_i \oiint_S \frac{1}{|\nabla_q\omega_i(\boldsymbol{q})|}\frac{\mathrm{d}S}{8\pi^3}, \tag{2.34}$$

因此, $g(\omega)$ 在理论上可以通过体色散曲线 $\omega(\boldsymbol{q})$ 获得.

由于非晶体的动量 $\boldsymbol{q}$ 不再是好量子数,因此拉曼光谱将不再像晶体那样是尖锐的峰型,而是出现在某一波矢附近平坦的但有最大值的宽峰.例如,图 2-33(a)所示的晶体硅和非晶硅的光学声子的拉曼光谱,就清楚地反映了同一材料的晶体和非晶体拉曼光谱的差别.而图 2-33(b)显示了碳随其非晶度变化相应的晶体拉曼光谱 G 带和非晶体拉曼光谱 D 带的强度变化.

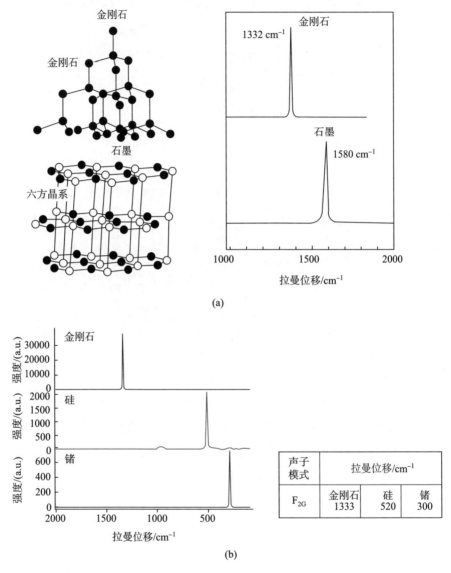

(b)

图 2-32　由同一碳原子构成但具有不同结构的金刚石和石墨的拉曼光谱(a)，

具有同一金刚石结构的金刚石、硅和锗的拉曼光谱及声子模式(b)

3. 纳米结构

(1) 纳米结构的特征长度与有限尺寸.

在物理上,块体被认为在尺寸上是无限大的体系.但是,实际物体的尺寸是有限的,于是人们定义了一个特征长度,认为尺寸大于特征长度的材料是无限尺寸的块体结构材料,小于特征长度的材料是有限尺寸的纳米结构材料.

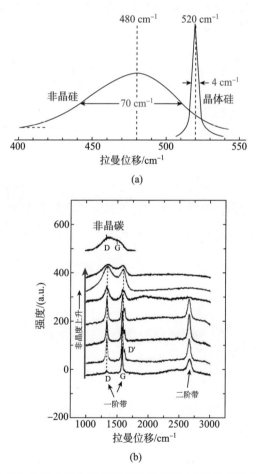

(a)

(b)

图 2-33   晶体硅和非晶硅的光学声子的拉曼光谱(a)以及碳随其非晶度变化相应的晶体拉曼光谱 G 带和非晶体拉曼光谱 D 带的强度变化(b)[11]

特征长度的类型及其对应的几何尺度因所涉及的具体对象不同而有差别.例如,特征长度的类型有:退相长度(dephasing length)、扩散长度(diffusion length)以及电子(激子)的玻尔半径(Bohr radius)、粒子的德布罗意波长(de Broglie wavelength)和电子弹性散射平均自由程(mean free path of electron elastic scattering)等.不同性质的特征长度在物理上适用于不同的问题.例如,电子弹性散射平均自由程适用于输运问题,扩散长度适用于电子-空穴的复合,德布罗意波长适用于原子/量子物理,玻尔半径适用于激子物理.

特征长度会因不同外界条件而有差别.例如,电子弹性散射平均自由程是散射路径起点和终点的直线距离,即两次非弹性散射间的平均直线距离.正常金属在常温下的电子弹性散射平均自由程仅为 10^{-5} cm,在液氮温度下可以大到 10^{-1} cm.又如,导带底电子的德布罗意波长可以是 10 nm 到 100 nm;氢原子中电子的玻尔半径只有 0.05 nm,而在 GaAs 中传导电子的玻尔半径可以大到 10 nm.因此,单纯用几何尺度把 1~100 nm 的结构定义为纳米结构是不科学的.

（2）纳米结构的有限尺寸效应.

在一维/1D、二维/2D 或三维/3D 上尺寸小于特征长度的物体分别称为二维、一维或零维/0D 纳米结构,并统称为纳米结构.纳米结构出现了有限尺寸效应,具体表现为:

① 物理效应.

（i）能量量子限制效应.

图 2-34 展示了块体和纳米结构材料及其对应的态密度(DOS),从中可以看到有限尺寸效应使态密度非连续化.

（ii）动量守恒弛豫效应.

由于有限尺寸效应导致平移对称性消失,于是动量不再是守恒量,传统意义上的声子色散曲线不再存在.图 2-35 展示了根据计算得到的硅纳米粒子光学声子的能量-动量关系.从图中可见,实线所示的传统意义上的色散曲线不再出现.

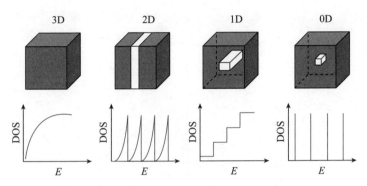

图 2-34　块体材料(三维)以及二维、一维和零维纳米结构材料的示意图及其对应的态密度曲线

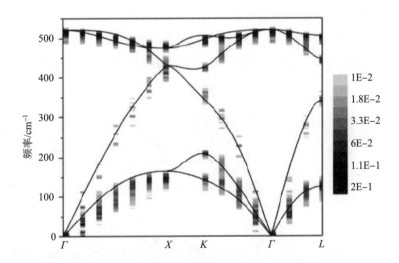

图 2-35　根据计算得到的硅纳米粒子光学声子的能量-动量关系[12]

(iii) 波矢选择定则弛豫.

因为纳米结构材料的动量不守恒,导致块体材料中存在的 $q = 0$ 的波矢选择定则不再存在.因此,$q \neq 0$ 且在 Δq 范围内的声子将参与拉曼散射.根据不确定性原理 $\Delta q \cdot \Delta r \geqslant \hbar$,如图 2-36 所示,$\Delta q \geqslant \hbar / \Delta r$ 的声子将参与拉曼散射.

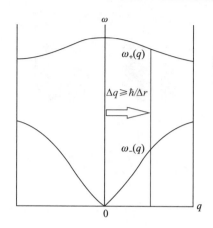

图 2-36   纳米结构材料中参与拉曼散射的声子的波矢范围

② 几何效应.

(i) 巨比表面积效应.

比表面积指单位质量物体所具有的总表面积.比表面积随物体的体积(直径)减小而快速增加.例如,对于铜,其比表面积随直径 d 的变化如表 2-2 所示.

表 2-2   铜的不同直径 d 的比表面积

直径 d/mm	比表面积/(m²/g)
104	0.000068
20	33
2	330

巨比表面积在科学和技术上有重要意义和实用价值.例如,表面悬挂键/不饱和键的数量相对于体内化学键的比例极大增加.各种表面模的出现,使表面声子模的影响有极大的增加.

(ii) 形状效应.

对于层状纳米结构材料,平行和垂直层面方向物性不同.纳米线、纳米棒、纳米管和非球形纳米粒子等不对称的几何结构,也会出现形状效应.

③ 拉曼光谱效应.

纳米结构材料的拉曼光谱和块体结构材料不同,如图 2-37 所示.

例如,对于声子的拉曼光谱,因为波矢不确定,$\Delta q = 0 - \hbar / \Delta r$ 的声子参与散射,纳米结构材料的拉曼光谱就如图 2-37 所示,是不对称的单峰.

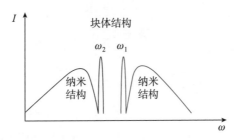

图 2-37　块体结构材料的频率为 ω_1 和 ω_2 的拉曼光谱及其相应的纳米结构材料的拉曼光谱

又如,纳米结构材料中出现的巨比表面积,导致产生各种表面分子和表面化学键的拉曼模.图 2-38 展示了 ZnO 纳米粒子的表面声子的实验拉曼光谱,其中红线和蓝线分别表示表面和纵波声子的拉曼光谱.

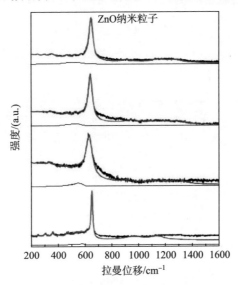

图 2-38　ZnO 纳米粒子的拉曼光谱[13]

从以上论述可以看到,若介质的组分及其微结构不同,拉曼光谱特征就截然不同.也就是说,不同组分及微结构的介质有反映其特性的特征拉曼光谱.因此,如果知道了特征拉曼光谱,便可以利用其在科技、生产、安全和社会等众多领域中进行研究和测量工作.

参考文献

[1] Li B, et al. Phys. Rev. B, 1999, 59: 1645.

[2] 赵凯华, 钟锡华. 光学(下册). 北京:北京大学出版社,1984.

[3] Born M, Wolf E. Principles of Optics. Pergamon Press, 1968.

[4] Shuang B, et al. J. Raman Spectroscopy, 2012, 42: 2149.

[5] Asher S A, et al. Appl. Spectrosc., 2005, 59: 1541.

[6] Zhang S L, et al. Proceedings of the 25th ICORS. 2016.

[7] Zhang S L, et al. J. Raman Spectroscopy, 2018, 49: 1968.

[8] 柯惟中, 衡航. 第十四届全国光散射学术会议论文摘要集. 2007.

[9] Yoshizawa M, Kurosawa M. Phys. Rev. A, 1999, 61: 013808.

[10] Yan Y, et al. Chinese Sci. Bull., 2001, 46: 1865.

[11] Vepiek S, et al. J. Phys. C: Solid State Phys., 1981, 14: 295.

[12] Hu X, Zi J. J. Phys.: Condens. Matter, 2002, 14: L671.

[13] Hadzic B, et al. Journal of Alloys and Compounds, 2014, 585: 214.

第三章　拉曼光谱仪的结构及部件
与拉曼光谱学新分支

拉曼光谱仪的总体结构和光学部分结构及部件分别示于图 3-1(a)和图 3-1(b).

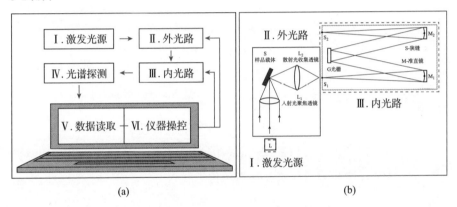

(a)　　　　　　　　　　　　　　　(b)

图 3-1　拉曼光谱仪的总体结构(a)和光学部分结构及部件(b)

§3.1　激发光源

3.1.1　激发光源的功能和要求

激发光源的功能是提供波长、功率、偏振和持续时间合适的激发光.

目前用的激发光源一般是激光器.激光器主要根据实验要求进行选择.

(1) 选择不同波长的激光可以提高拉曼散射的强度,如进行共振拉曼散射和某些特定样品的测量;

(2) 应用脉冲激光器,可以进行时间分辨谱的测量;

(3) 选择不同偏振的激光,可以进行偏振拉曼光谱的测量.

3.1.2　激光性能参数不同产生的拉曼光谱学新分支

根据激光性能参数的不同,可以产生几种拉曼光谱学新分支:

(1) 共振拉曼光谱学;

(2) 太赫兹拉曼光谱学;

(3) 时间分辨拉曼光谱学;

(4) 偏振拉曼光谱学.

§3.2　常规(远场)光学外光路

外光路的功能在于:

(1) 产生大的激发光电场的强度且收集大的散射光能量;

(2) 尽可能减少光谱仪接收到的杂散光的强度;

(3) 为样品提供放置位置及环境条件.

3.2.1　外光路中的光学透镜

产生大激发光电场的强度和收集大的散射光能量是通过光学透镜进行的.

1. 光学透镜的科学基础

(1) 单透镜.

① 球面透镜.

图 3-2(a)展示了一个球面透镜.图 3-2(b)和图 3-2(c)分别展示了球面透镜对于普通光束和高斯光束的聚焦情况,其中 D 是透光孔径,f 是焦距,d 是聚焦点直径,L 是聚焦腰长.对于普通光束,聚焦光斑是点状;而对于如激光等高斯光束,聚焦光斑是腰状.

普通光束和高斯光束聚焦的聚焦点直径 d 和腰长 L 分别由下式表示:

$$d \approx \frac{4\lambda}{\pi}\frac{f}{D} = \frac{4\lambda}{\pi}\frac{1}{\phi}, \tag{3.1}$$

$$L \approx \frac{16\lambda}{\pi}\left(\frac{f}{D}\right)^2 = \frac{16\lambda}{\pi}\left(\frac{1}{\phi}\right)^2, \tag{3.2}$$

其中 D/f 定义为孔径角 ϕ.由上述公式可以了解到,孔径角 ϕ 大的透镜得到的聚焦点直径 d 小.而且,孔径角越大,进入透镜的光通量就越大.

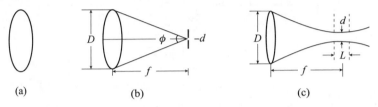

图 3-2 球面透镜(a)及其对普通光束(b)和高斯光束(c)的聚焦情况的示意图.
其中 D 是透光孔径,f 是焦距,d 是聚焦点直径,L 是聚焦腰长

② 柱面透镜.

图 3-3 展示了柱面透镜及由其聚焦形成的线状光斑.

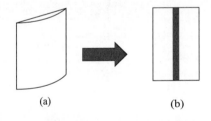

图 3-3 柱面透镜(a)及由其聚焦形成的线状光斑(b)

(2) 多透镜组合.

如图 3-4(a)所示,两个球面透镜共焦组合应用时,要求它们的孔径角 ϕ 和 ϕ' 相等.这样可以使前透镜收集的光全部被后透镜利用,光能利用效率达到最高.图 3-4(b)为两个互相成 $90°$ 放置的柱面透镜,由其可以得到矩形光斑.

(3) 透镜的材料及其透光波长.

透镜所用材料均是透光材料.表 3-1 列出了透镜用的一些材料及其透光波长.应用透镜时必须根据使用需要选择透光波长合适的材料制成的透镜.

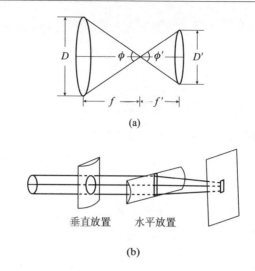

(a)

垂直放置   水平放置

(b)

图 3-4   两个球面透镜(a)和两个柱面透镜(b)组合的光路图

表 3-1   透镜可用的材料及其透光波长

透镜材料	透光波长 $\lambda/\mu m$	透镜材料	透光波长 $\lambda/\mu m$
熔融二氧化硅	0.16～4	硫化镉	0.55～16
熔融石英	0.18～4.2	蓝宝石	0.15～7.5
铝酸钙玻璃	0.4～5.5	氯化钠	0.2～25
方解石	0.2～5.5	碘化钾	0.25～47

2. 外光路采用透镜的优化

(1) 激发光聚焦透镜的优化.

用球面透镜和单个柱面透镜作为激发光聚焦透镜的效果分别如图 3-5(a)和图 3-5(b)所示.显示聚焦光斑均与分光计的条状入射狭缝不匹配.用球面透镜聚焦,若光斑小,则进入分光计的杂散光的比例增加;若光斑大,则进入分光计的信号光的比例减小,光能损失大.用单个柱面透镜聚焦,与条状入射狭缝也不能完全匹配.

但是,如图 3-6 所示,如果用双柱面透镜作为激发光聚焦透镜,聚焦光斑形状可与条状入射狭缝匹配,使得进入分光计的信号光最多、杂散光最少,因而可得到信噪比高的光谱.

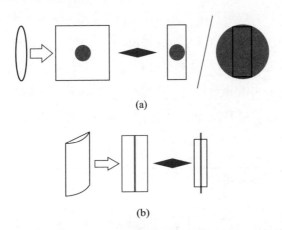

(a)

(b)

图 3-5 用球面透镜(a)和单个柱面透镜(b)作为激发光聚焦透镜的效果图

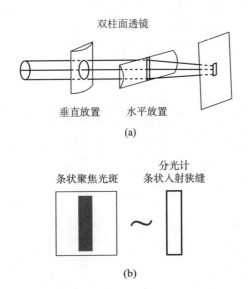

双柱面透镜

垂直放置 水平放置

(a)

分光计
条状聚焦光斑 条状入射狭缝

~

(b)

图 3-6 用双柱面透镜作为激发光聚焦透镜的效果图

上面的讨论给出了拉曼光谱仪的一个技术措施:用两个垂直放置的柱面透镜进行入射光或散射光聚焦,可得到与分光计条状入射狭缝匹配的聚焦光斑,从而提高光谱信噪比.

（2）散射光收集透镜的优化.

如图 3-7 所示,收集光路与分光计光路涉及收集透镜和分光计准直镜两个光学元件.根据图 3-4(a)所介绍的知识,两个透镜的孔径角 ϕ 和 ϕ' 应该相等.这样可以使散射光的光能全部被利用,又不增加分光计内的杂散光.由此,我们得到了拉曼光谱仪的又一个技术措施:如果收集透镜和分光计准直镜的孔径角 ϕ 和 ϕ' 相等,可使分光计接收到最大量的散射光和最少量的杂散光.

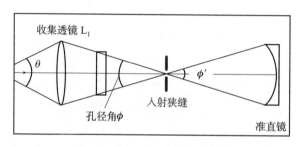

图 3-7 收集透镜优化的示意图

3. 外光路中光学透镜几何配置的优化

激发光入射方向和散射光收集方向之间在几何上可以有如下所列的不同配置方案.

（1）直角（90°）和前向（0°）散射配置.

图 3-8 所示的直角和前向散射配置仅适用于透明样品.

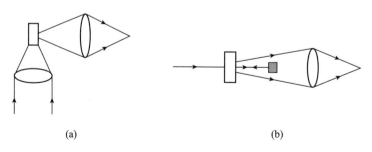

(a)　　　　　　　　　　　(b)

图 3-8 直角(a)和前向(b)散射配置

（2）背向（180°）散射配置.

背向散射配置如图 3-9 所示,有单向和双向两种方案.背向散射配置存在入射光被样品反射后通过收集透镜进入内光路的缺点.

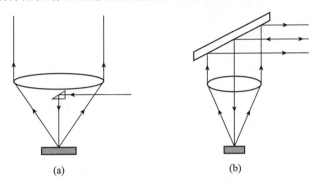

图 3-9　单向(a)和双向(b)背向散射配置

（3）斜入射.

图 3-10(a)所示的普通斜入射,有避免背向和前向配置方案中出现的入射光被样品反射后进入内光路的优点.图 3-11 的实验结果清楚地展示了该优点.

如图 3-10(b)所示,对于高折射率样品,斜入射的激发光束在样品内近似垂直入射,变得类似于背向散射配置,但是又没有普通背向散射配置的入射光被样品反射后进入收集透镜的缺点.例如,对于 $n=1.6$ 的高折射率样品,以入射角 $\theta=30°$ 入射,根据折射率公式 $\sin\theta/\sin\phi=n$,可以得到折射角 $\phi=16°$.从而,斜入射的激发光束在样品内近似为垂直入射.

入射光若以图 3-10(c)所示的布儒斯特角(Brewster's angle)斜入射,可以使在入射平面内偏振的入射光全部进入样品内且不产生反射光,这不仅可以增加样品的激发光功率,还可以提高拉曼散射的信噪比.

因此,我们得到一个有关拉曼光谱仪的技术措施:激发光相对样品采取斜入射可提高散射光的信噪比.

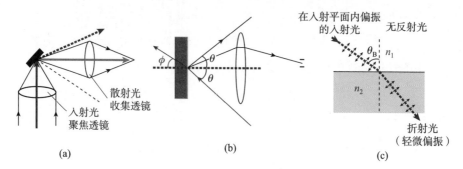

图 3-10   普通斜入射(a),高折射率样品的斜入射(b)和以布儒斯特角斜入射(c)
的示意图

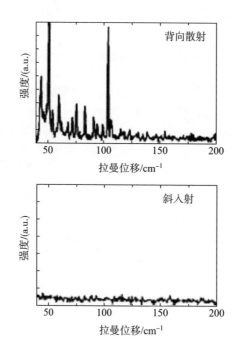

图 3-11   背向散射和普通斜入射测量到的硅的拉曼光谱

4. 入射光聚焦和散射光收集共用同一光学元件的优化

(1) 利用常规(远场)光学显微镜.

如图 3-12(a)所示,普通光学显微镜可以用来作为入射光聚焦和散射光收集共用的部件.

　　光学显微镜镜头的孔径角一般较大,而共焦光学显微镜(见图 3-12(b))还有纵向精确定位成像的特点.由此,利用常规光学显微镜的光谱仪明显有下列优点:

　　① 照明光斑极易聚集到很小;

　　② 散射光收集角很大;

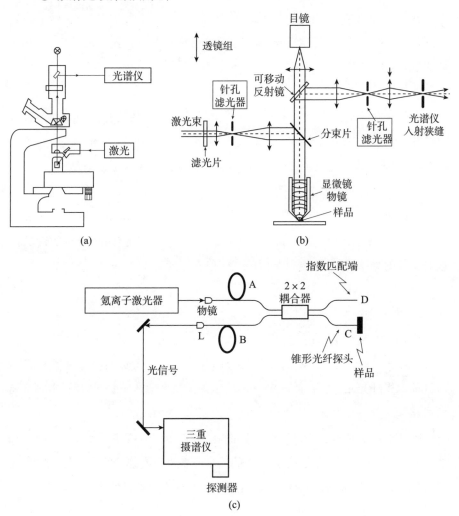

图 3-12　普通光学显微镜(a)、共焦光学显微镜(b)和近场光学显微镜(c)[1]作为入射光聚焦和散射光收集共用部件的光路图

③ 配数控样品台后,照明光斑可在平面和三维方向精确定位和移动;

④ 调节方便快捷.

但是也有下列缺点:

① 只能做背向散射实验,光谱杂散光较强;

② 显微镜镜头的孔径角一般较大,偏振谱的质量会较差.

显微镜光谱的空间分辨率由显微镜的分辨率决定.但是,它的分辨率还会受到衍射极限限制.显微拉曼光谱仪能够实现的最小激光光斑尺寸 D 由下列公式决定:

$$D = 1.22\lambda/NA, \tag{3.3}$$

其中 λ 是激发激光波长,NA 是所使用的显微镜物镜的数值孔径.当 $NA = 0.9$,$\lambda = 532$ nm 时,空间分辨率为 361 nm.但是,拉曼光谱仪中实际发生的光学过程要复杂得多,通常认为常规显微拉曼光谱仪的空间分辨率在 1 mm 左右.

(2) 利用近场光学显微镜.

1994 年,成功利用近场光学显微镜作外光路的近场拉曼光谱仪第一次出现.图 3-12(c)就是由 D. P. Tsai 于 1994 年发表的第一个空间高分辨的近场拉曼光谱仪的光路图,该光谱仪采谱的空间位置精度为 100 nm.

(3) 利用光纤[2—4].

① 空心光纤光路.

利用空心光纤可以进行激发光和收集光的传输.1985 年,出现了第一个光纤外光路的拉曼光谱工作[5].光纤光路有如图 3-13(a)所示的激发和收集光路分开的双光纤光路,也有如图 3-13(b)所示的激发和收集光路合为一体的单光纤光路.

空心光纤有内径为 200 μm,折射率为 1.462 的空心石英光纤,内外径分别为 100 μm 和 200 μm,折射率为 1.29 的外涂环氧树脂或硅橡胶保护层的石英光纤,以及光纤内壁做成表面增强拉曼光谱结构得到表面增强的特殊空心光纤.

光纤光路使得远距离光谱测量成为可能.但是,由于泵浦光和拉曼光在光纤内会不断被损耗,因此光纤不能无限长,而是有一最佳长度.

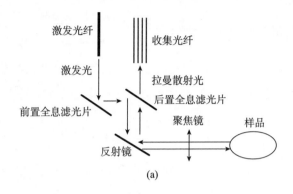

(a)

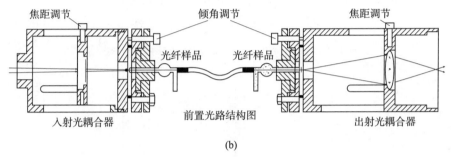

(b)

图 3-13 激发和收集光路分开的双光纤光路(a),激发和收集光路合为一体的
单光纤光路(b)的示意图

② 液芯光纤光路.

在空心石英光纤内充以大于石英光纤折射率的高透明度液体,将会产生全反射,散射光可不断被放大.至 1997 年,液芯光纤拉曼光谱研究的水平已达到非共振时为一般拉曼光谱强度的 10^3 倍,共振时为一般拉曼光谱强度的 10^9 倍.

3.2.2 减少拉曼光谱中的杂散谱的专门措施

拉曼光谱中的杂散谱主要是激发激光和瑞利散射光等产生的非样品光谱.此外,测量偏振拉曼光谱时,偏振不正确的光谱也是一种杂散谱.

减少非样品光谱的措施有使杂散光不进入内光路和不接触光电探测器两类.

1. 使杂散光不进入内光路的措施

在内光路前设置波长为激发光波长的滤光器件,可以阻断激发激光和瑞利散射光等杂散光进入单色仪,极大提高拉曼光谱的信噪比.滤光器件有两类.

(1)滤光片.

滤光片可以用来:

① 纯化激光的波长纯度,如消除气体激光器的等离子体线等;

② 阻挡泄漏的激发激光和瑞利散射光进入内光路.

滤光片通常是利用干涉原理制成的多层薄膜结构的干涉滤光片.如图 3-14所示,滤光片分为带通滤光片和截止滤光片两类.

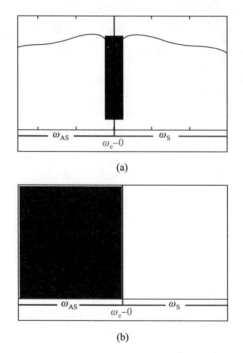

图 3-14   带通(a)和截止(b)滤光片的透光(白色)和阻光(黑色)波长范围示意图

用干涉滤光片来阻断杂散光进入内光路有简单和价廉的优点,但是,它只适用于特定的单一波长.因此,对不同波长的激光要用相应波长的滤光片.

滤光片的组合应用可以极大提高滤光效果.例如,图 3-15 就显示了在单色仪上使用三个布拉格带通滤光片(Bragg band filter),可以使不同波长光激发的瑞利散射光均被抑制到只有 5 cm^{-1}.

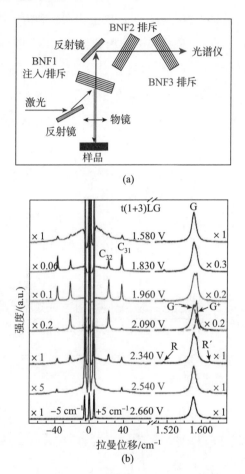

图 3-15 在单色仪上使用三个布拉格带通滤光片(BNF)的配置(a)和表示瑞利散射光被抑制的拉曼光谱图(b)[6,7]

(2) 滤波器——色散相减型双光栅单色仪.

色散相减型双光栅单色仪是无色散的双单色仪,是滤波波长和滤波光谱宽度可调的带通滤波器,如图 3-16(a)所示.用它作滤波器记录到的低至 4 cm^{-1}

的硅的拉曼光谱,如图 3-16(b)所示.

2. 使杂散光不接触光电探测器的措施——空间滤波法

以图 3-17(a)所示单色仪为例.单色仪工作在瑞利散射波长时,微调准直镜 M_1 或 M_2 使瑞利散射光刚好离开出射狭缝 S_2,那么瑞利散射光就不能接触到光电探测器,从而不被记录,起到了滤除瑞利散射光的作用.由第二单色仪处于空间滤波状态的 Spex 1403 双单色仪记录到的 $Ge_{0.51}Si_{0.49}$ 超晶格的低波数拉曼光谱,如图 3-17(b)所示.

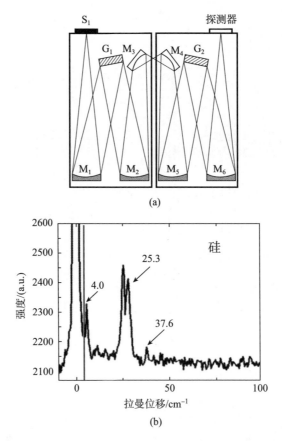

(a)

(b)

图 3-16   色散相减型双光栅单色仪的光路结构(a)以及用它作滤波器记录到的低至 4 cm^{-1} 的硅的拉曼光谱(b)

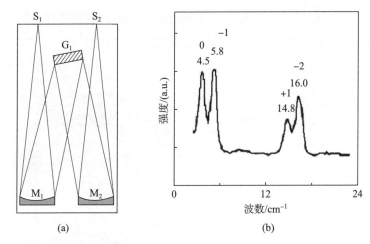

图 3-17　单色仪的光路结构(a)和由第二单色仪处于空间滤波状态的 Spex 1403双单色仪记录到的 $Ge_{0.51}Si_{0.49}$ 超晶格的低波数拉曼光谱(b)[8]

3. 光阑

由于激光95%以上的能量集中在光斑直径85%以内,因此,用直径为光斑直径85%的光阑可保证激发激光的纯度,提高信噪比.

纠正偏振不正确光谱的措施,主要靠偏振器.偏振器有不同的类型,如双折射晶体类偏振器、吸收类偏振器、偏振分光薄膜类偏振器和金属线栅、布儒斯特片堆等.

偏振器所起的作用也不同.例如,有使非偏振光成为偏振光的偏振光起偏器、用于提高偏振光偏振质量的检偏器、用于改变偏振光偏振方向的偏振旋转器,以及 1/4 和 1/2 波片,其中 1/4 波片可以使线偏振光成为圆偏振光,而 1/2 波片可以使线偏振光改变偏振方向.

3.2.3　样品载体

样品载体是为样品提供放置位置及环境条件的部件.

1. 平底毛细管液体样品载体

如图 3-18 所示的平底毛细管液体样品室是一种拥有专利的液体样品载

体.它有样品照明体积大,照明激光对样品热效应低、对样品的热破坏小,且样品照明形状与条状入射狭缝匹配的特点,使进入光谱仪的信号光最多、杂散光最少,信噪比最高.

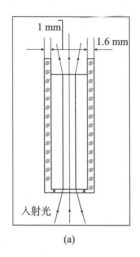
(a)

(b)

图 3-18　平底毛细管液体样品室的结构(a)及其专利证书(b)

2. 创造不同环境条件的样品载体

(1) 高低温样品室.

低温样品室的温度已可接近 0 K,高温样品室的温度已可超过 2200 K.如图 3-19(a)所示的冷热台,其温度范围可达到 196~600℃,精度为 0.1℃,稳定度小于 0.1℃.

(2) 真空样品室.

图 3-19(b)所示的大型高真空样品室的真空度可达到 10^{-9} Pa.

(3) 高压样品室.

图 3-19(c)所示的金刚石对顶砧高压样品室的压强可达 25×10^4 atm.

(4) 外加电磁场样品室.

在 1975 年已出现外加电磁场样品室[9].

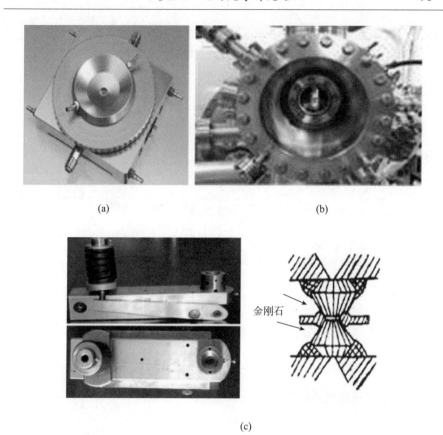

图 3-19　环境多样化的样品载体实例.冷热台(a),真空样品室(b),高压样品室(c)

§3.3　近场光学外光路

3.3.1　近场光学透镜——样品上方纳米高度放置的金属探针[10—14]

本书第一章已指出金属针尖受光照射,可以出现避雷针和发射天线效应,如图 3-20(a)和图 3-20(b)所示.避雷针效应可增强激发光的电场,而发射天线效应可使光散射的近场信号发送至远场,从而被光谱仪接收.此外,金属针尖还存在表面等离激元效应,如图 3-20(c)所示,从而进一步增强了避雷针和发射天线效应.因此,在样品上方纳米高度放置的金属探针成为近场光聚焦和收集的元件,起到常规(远场)光学中透镜的作用.金属探针在技术上有如下特征.

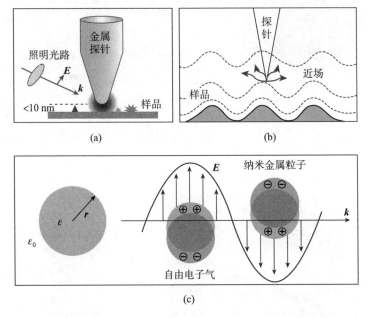

图 3-20   避雷针效应(a),发射天线效应(b)和金属表面等离激元(c)的示意图

(1) 使用纳米尺寸的金属针尖,一般为镀有银或金等贵金属膜的原子力显微镜的针尖;

(2) 尖端和样品之间的距离始终小于 10 nm;

(3) 为了正确、有效地采集到散射光,需要对尖端和样品界面进行照射.

韦塞尔(J. Wessel)发现接近金属纳米结构的分子拉曼电场强度将增强约 10^4 倍,如在近场扫描此金属纳米结构,光学空间分辨率极限也可被打破.于是,韦塞尔于 1985 年最早提出了如图 3-21(a)所示的利用金属针尖作为激发和收集光路共用元件的建议,该建议使 15 年后的 2000 年出现了针尖增强拉曼光谱设备.图 3-21(b)和图 3-21(c)所示的拉曼光谱设备的针尖分别为正常针尖和覆盖 $10\sim15$ nm 厚度银膜的针尖.从图 3-21(d)所示的拉曼光谱图中可明显看到针尖的增强效应.

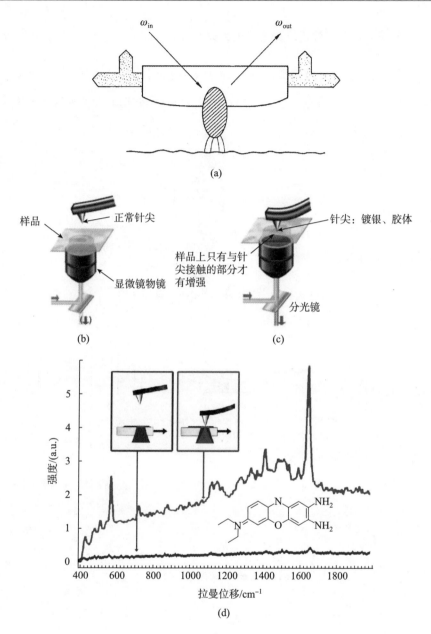

(a)

(b)

(c)

(d)

图 3-21 金属针尖增强拉曼光谱设备的原始建议(a)[15],一个最早实现的金属

针尖增强拉曼光谱设备和用它测到的光谱(b)(c)(d)[11]

3.3.2 针尖增强近场光谱仪的外光路

近场光谱仪外光路需要有常规(远场)光学元件配合,如利用光学透镜才能使金属针尖与单色仪耦合构成近场光谱仪.近场光谱仪的典型外光路如图 3-22所示.

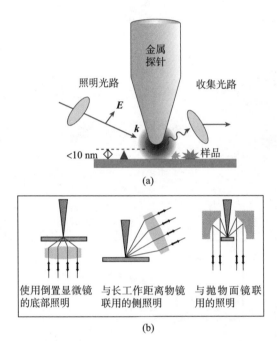

图 3-22   近场光谱仪的典型外光路的结构示意图,激发收集光路分离(a),激发收集光路共用(b)

3.3.3 近场光学样品载体——表面粗糙化的金属[16]

1974 年,英国的弗莱施曼(M. Fleischmann)做了粗糙银电极表面上放置的吡啶分子的拉曼光谱,观测到如图 3-23(a)所示的增强 10^6 倍的拉曼光谱.图 3-23(b)展示了当时实验方案的示意图,表明其实验特点是样品载体为表面粗糙化的金属.

　　人们引入名词"表面增强拉曼散射（surface enhancement Raman scattering）"对此类拉曼散射加以描述.

　　表面增强拉曼散射的极高效率,使人们对其机制进行了长期的研究,已发现其机制包括下列几个方面.

　　一方面,作样品载体的金属表面是表面等离激元,表面等离激元受光照成为表面等离极化激元,成为光源,如图 3-24(a)所示.该光源在垂直于界面方向为场强呈指数衰减的隐失场,具有近场性质.因此,当样品受到近场光照时,光的强度巨大并且分辨率无衍射极限限制.

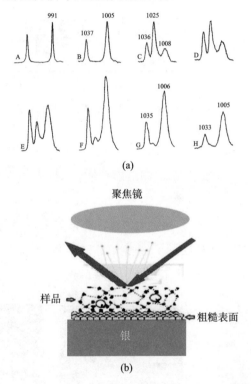

图 3-23　观测到的在粗糙银电极表面的吡啶分子的增强 10^6 倍的拉曼光谱 (a),表面增强拉曼散射实验方案的示意图(b)

　　另一方面,如图 3-24(b)所示,粗糙金属表面相当于有众多的金属针尖,也就是有众多的避雷针和发射天线.因此,近场光照因避雷针效应得以加强,而样品所产生的散射光的近场部分又由于发射天线效应发送至远方.因而产生的光谱必定非常强,达到 $10^6 \sim 10^{13}$ 倍的增强是可以理解的.

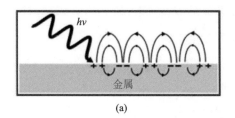

(a)

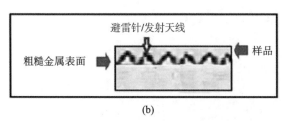

(b)

图 3-24   表面增强拉曼散射的样品载体的表面等离极化激元模拟(a)和实物模型(b)图

由此我们可以得到又一个增强激发光和散射光强度以及散射光收集效率的技术措施:表面粗糙化的金属样品载体可以极大提高产生和接收到的拉曼散射光的强度.

由上述分析可以了解到,在表面增强拉曼散射中,样品基底是关键因素.因此多年来人们对样品基底做了许多研究和改进,生长有序纳米结构表面的基底已成为主流.图 3-25 展示了几个这样的例子.

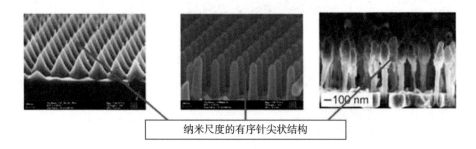

纳米尺度的有序针尖状结构

图 3-25   表面增强拉曼散射的几个有序纳米结构表面的基底[17]

§3.4　外光路光学元部件的改进及其产生的拉曼光谱学新分支

3.4.1　近场拉曼光谱学

1. 近场显微镜和近场拉曼光谱学

用近场显微镜作外光路会形成近场拉曼光谱仪.图 3-26 就是由此类近场拉曼光谱仪测量到的金刚石样品的近场拉曼光谱.

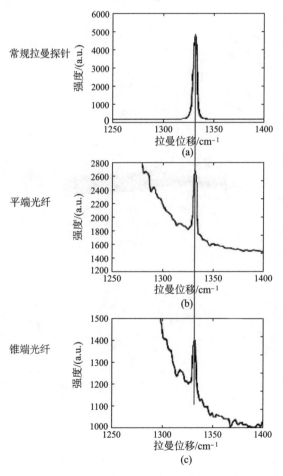

图 3-26　金刚石样品的近场拉曼光谱[1]

2. 针尖增强近场拉曼光谱学

由样品上方纳米高度放置的金属探针作光谱仪的入射光激发和散射光收集的元件,所产生的光谱有下列特点:

(1) 拉曼信号得到很大增强.对微弱信号和小目标的拉曼光谱的总增强可达到 $10^3 \sim 10^6$ 倍;

(2) 由于探针针尖的纳米尺度,使得光谱的空间分辨率很高.

所以,上述针尖增强的拉曼光谱实际上是近场光谱.图 3-26 和图 3-27 的拉曼光谱就展示了上述特点.

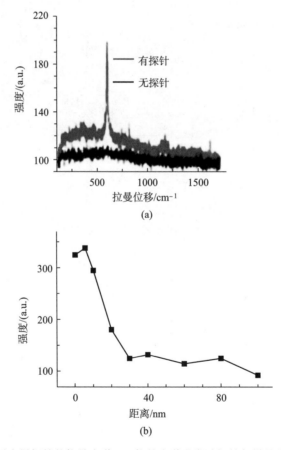

图 3-27   有无金属探针的拉曼光谱(a),拉曼光谱强度随探针与样品距离的变化(b)

图 3-28(a)展示了一种表明空间高分辨率的多胞嘧啶均聚物的原子力显微镜(AFM)形貌图,而图 3-28(b)是图 3-28(a)中对应位置所测得的针尖增强近场拉曼光谱.

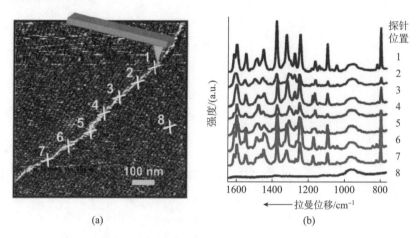

(a) (b)

图 3-28 表明空间高分辨率的多胞嘧啶均聚物的 AFM 形貌图(a)和针尖增强近场拉曼光谱(b)[18]

3.4.2 显微拉曼光谱学

如利用显微拉曼光谱仪在空间不同点采集光谱,就产生了显微拉曼光谱学.

1. 常规显微拉曼光谱学

图 3-29 是用常规光学显微镜的显微拉曼光谱仪所测得的非晶氮化镓样品的拉曼光谱.

2. 近场显微拉曼光谱学

近场显微拉曼光谱的空间分辨率不受衍射极限限制,只受近场显微镜探针尖端的尺寸限制.因此,就得到了一个亚波长间距的拉曼光谱,如图 3-30所示.但是,在纳米结构中,纳米图像可能不会显示它的真实图像,如图 3-31所示,这是由于针尖直径引起的光谱信号有 13 nm 的半高全宽,大于所测量的单壁碳纳米管 1.2 nm 的实际半径.

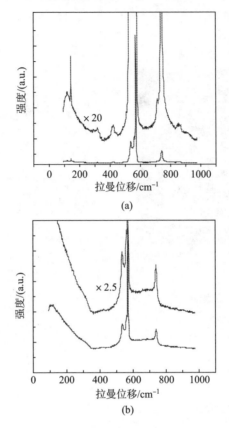

图 3-29　对非晶氮化镓样品的随机不同取样点(a)和(b)获取的显微拉曼光谱

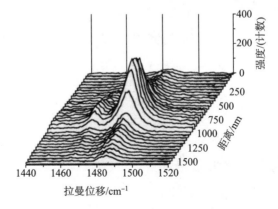

图 3-30　聚丁二炔纳米晶体的近场亚波长间距扫描的拉曼光谱[19]

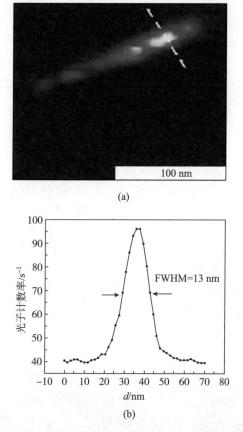

(a)

(b)

图 3-31　沿图像(a)中所示虚线测量的 G 带拉曼强度的横截面(b)

3.4.3　拉曼光谱显微学

用同一光学元件,例如光学显微镜或金属针尖,同时作为入射光聚焦和散射光收集的元件,则在空间不同点所采集的光谱可以精确比较.在取样点距离非常小的情况下,就产生了显微拉曼光谱学.如果只记录反映某一特定光谱线的强度,就得到该特定光谱线反映的物质的像,产生了拉曼光谱显微学.

1. 常规拉曼光谱显微学

利用光谱线的光作光谱仪中显微镜的光源,就可以利用显微镜的成像功能将确定频率的拉曼光谱线强度的变化表达为显微像.于是,就产生了拉曼光谱显微学.

图 3-32(a)是一古化石的 g,h 和 i 三点处的碳的 D 和 G 声子的拉曼光谱图,图 3-32(b)是用该 D 和 G 声子的拉曼光谱强度做的拉曼显微像.对该结果的分析,使人们在分子水平上认为地球上出现生物的时间提早了至少 7.7～34.65 亿年.

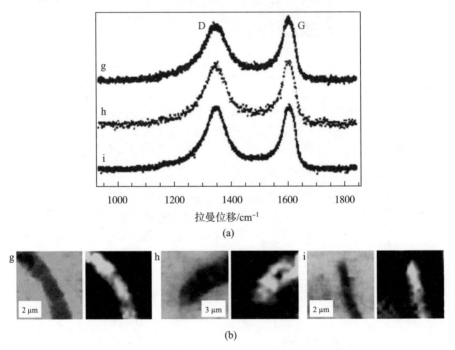

(a)

(b)

图 3-32　一古化石的 g,h 和 i 三点处的碳的 D 和 G 声子的拉曼光谱图(a),用 D(左)和 G(右)声子的拉曼光谱强度做的拉曼显微像(b)[20]

图 3-33 展示了半导体集成电路硅层存在应力引起的拉曼频率移动 $\Delta\omega$ 随样品平面微区(10 mm×10 mm)二维分布的显微像,它形象化地表达了硅层上的应力分布.

因成像光源所利用的拉曼光谱类型不同,拉曼光谱显微学可进一步分成几个不同的类型.

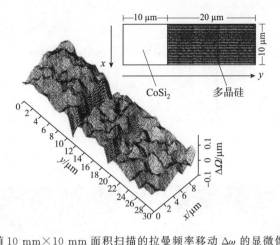

图 3-33 随 10 mm×10 mm 面积扫描的拉曼频率移动 $\Delta\omega$ 的显微像,实际扫描面积示于右上角[21]

(1) 相干反斯托克斯拉曼散射(CARS)显微学.

1982 年,第一个 CARS 显微光谱像被发表[22].1999 年,有人用 CARS 显微光谱第一次确切记录了如图 3-34 所示的单个活细菌的 CARS 显微像[23].

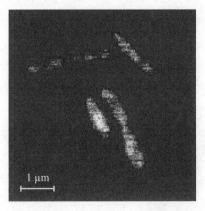

图 3-34 六个无污染的希瓦氏菌类型的活细菌的 CARS 显微像[23]

(2) 受激拉曼散射(SRS)显微学.

2008 年,有人发表了如图 3-35 所示的第一个 SRS 显微像,证明了人类肺癌细胞摄取了 ω-3 脂肪酸.

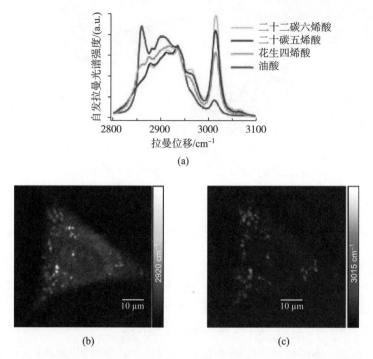

图 3-35　人类肺癌细胞的 SRS 显微像.自发拉曼光谱(a),在谱线为2920 cm^{-1}时细胞的 SRS 显微像(b),在谱线为3015 cm^{-1}时同一细胞的 SRS 显微像(c)[24]

(3) 受激拉曼损耗(SRL)显微学.

图 3-36 显示了 2.4 μm 的聚苯乙烯珠的 SRL 显微像和拉曼光谱.

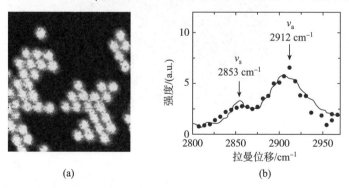

图 3-36　组装的 2.4 μm 聚苯乙烯珠的 SRL 显微像(a)和单个 2.4 μm 聚苯乙烯珠的拉曼光谱(b)[25]

2. 近场拉曼光谱显微学

近场拉曼光谱显微学的主要特点是空间超高分辨率.图 3-37 展示了单壁碳纳米管的近场拉曼显微像和同时测量的形貌像.

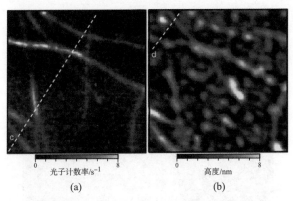

（a）　　　　　　　　　　　（b）

图 3-37　单壁碳纳米管的近场拉曼显微像（a）和同时测量的形貌像（b）[26]

（1）针尖增强拉曼显微学[26].

图 3-38 是用表面镀金针尖测得的 NB 尼罗蓝的针尖增强拉曼显微像，该图表明针尖增强拉曼显微像同时具有大光谱强度和高空间分辨率的优点.

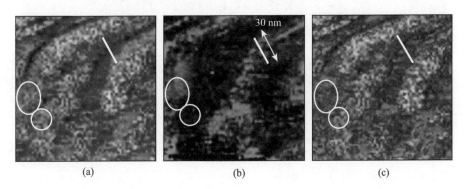

（a）　　　　　　　　（b）　　　　　　　　（c）

图 3-38　表面镀金针尖测得的 NB 尼罗蓝的衍射分辨率＜50 nm 的 128 nm× 128 nm,64×64 像素的针尖增强拉曼显微像.STM 形貌像（a）,标记 590 cm^{-1} 带的拉曼信号（b）,形貌像（a）与拉曼信号（b）的叠加（c）

（2）近场拉曼光谱显微学.

利用显微镜的三维成像功能,还可以获得共焦三维拉曼显微像,图 3-39 就是一个例子.它用了 $200 \times 200 \times 50 = 200$ 万像素,成像尺寸是 25 m$\times$ 25 m$\times$20 m.共焦拉曼成像系统不仅可以从样品表面采集信息,还可以深入透明样品内部,从而获得其三维图像,如图 3-39 所示.

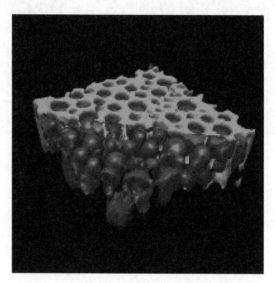

图 3-39　一个乳化液的共焦三维拉曼显微像

近场显微拉曼光谱的空间分辨率由近场显微镜探针和针尖增强所用针尖尖端的尺寸决定.至今,理论和事实都表明拉曼光谱显微学特别适合应用于生物医学领域.

§3.5　外光路样品载体的改进及其产生的拉曼光谱学新分支

3.5.1　表面增强拉曼光谱学

用表面粗糙化的金属作样品载体产生了拉曼光谱学新分支——表面增强拉曼光谱学.迄今,人们对表面增强拉曼散射做了大量研究和应用,表面增强效应也有了极大提高.图 3-40 显示了单分子层 LB 膜的拉曼光谱,该拉曼光谱在 2004 年就被清楚地观测到了.

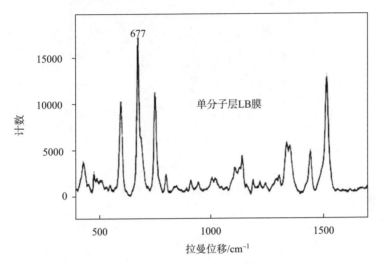

图 3-40　单分子层 LB 膜的拉曼光谱[27]

3.5.2　样品环境特殊的载体产生的拉曼光谱学

1. 变温拉曼光谱学

图 3-41 是 ZrO_2 晶体和单壁碳纳米管的高温拉曼光谱.已知单壁碳纳米管的拉曼位移 ω_{RBM},可以用如下公式导出其直径 d:

$$d = A/\omega_{RBM},$$

其中,对于扶手椅型单壁碳纳米管,

$$A = 118,$$

对于锯齿型单壁碳纳米管,

$$A = 116.$$

因此,从图 3-41(b)可以得到一般方法不能得到的高温导致的单壁碳纳米管直径的变化.

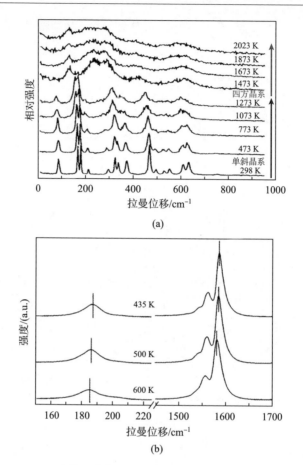

图 3-41 ZrO_2 晶体(a)[28]和单壁碳纳米管(b)[29,30]的高温拉曼光谱

2. 变压拉曼光谱学

图 3-42 是 TiO_2 纳米晶体的高压拉曼光谱.该拉曼光谱表明晶相的结构在压强高于 20 GPa 时完全消失了,出现非晶相,表明拉曼光谱可以反映结构相变.

超晶格的拉曼光谱非常弱,1978 年,巴克(A. S. Barker)发表了如图 3-43(a)所示的第一个超晶格的拉曼光谱,后发现测量到的是受空气污染的氮气光谱.两年后,在真空条件下,因没有大气污染,才有人第一次测量到了如图 3-43(b)所示的超晶格的真实拉曼光谱.

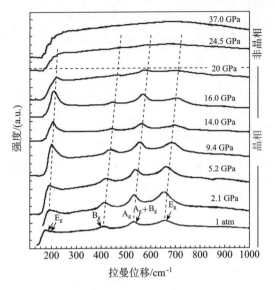

图 3-42 TiO₂ 纳米晶体的高压拉曼光谱

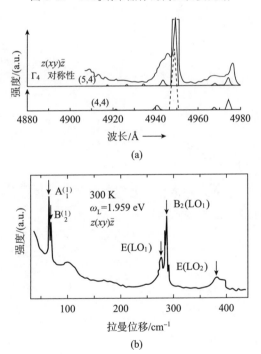

图 3-43 第一个超晶格的拉曼光谱(a)[31],超晶格的真实拉曼光谱(b)[32]

§3.6　内光路——分光计

3.6.1　分光计的结构和类型

1. 分光计的结构

分光计是利用分光元件将多波长光分解成在几何空间按波长有序排列的光谱的仪器.分光计的结构如图 3-44 所示,其中各元件功能如下所述.

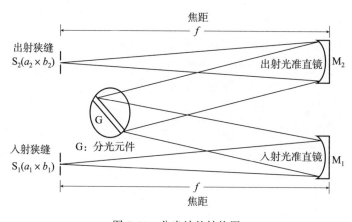

图 3-44　分光计的结构图

(1) 入射和出射狭缝 S_1,S_2,使散射光成条状;

(2) 准直镜 M_1 和 M_2,分别将散射光聚焦于分光元件 G 和出射狭缝 S_2;

(3) 分光元件 G,将散射光分光.

2. 分光计的类型

(1) 以分光元件类型分.

分光计因分光元件不同而分为三棱镜和光栅分光计两大类,如图 3-45 所示.目前,大量使用的是以衍射光栅为分光元件的光栅分光计.

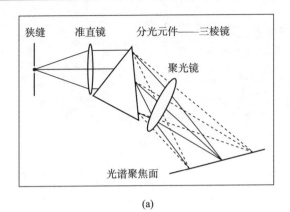

(a)

(b)

图 3-45 分光计的类型及其结构图.三棱镜分光计(a),光栅分光计(b)

(2) 以出射狭缝宽度分.

分光计还因出射狭缝宽度不同,使探测到的光谱波长覆盖范围不同,从而有单道(单色)和多道(多色)分光计之分,如图 3-46(a)所示.它们测量的光谱波长范围是不同的,如图 3-46(b)所示.

3. 分光计的特性参数

分光计的一些重要光谱学特性参数如下所列.

(1) 线色散率.

分光计的线色散率定义为单位波长在光谱聚焦面上对应的空间距离.如

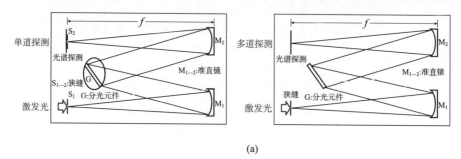

(a)

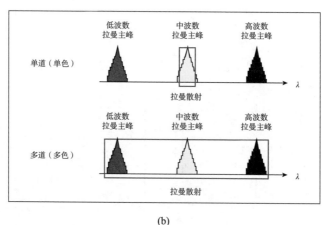

(b)

图 3-46   单道和多道分光计(a)及其探测到的光谱(红框内)(b)的示意图

设 f_1 为分光计准直镜的焦距,D_θ 为光栅的角色散率,则分光计的线色散率为

$$D_\lambda = \mathrm{d}\lambda / \mathrm{d}l = f_1 D_\theta. \tag{3.4}$$

由此我们又得到一个拉曼光谱仪的技术措施:准直镜焦距大的分光计可产生线色散率大的光谱.

(2) 光谱宽度.

光谱宽度表达分光计谱面单位距离所涵盖的光谱的波长,即 $1/D_\lambda$.

从光谱宽度的定义可知,用同一规格光栅,焦距 f 长的分光计的分辨率高且光谱宽度小.此外,如图 3-47 所示,只有分光计的光谱宽度 $\Delta_f \leqslant$ 实际光谱宽度 ΔE(FWHM)时,实测光谱才能被分辨.

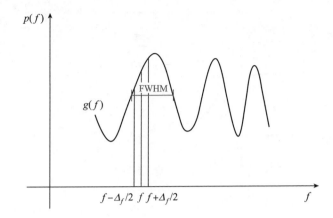

图 3-47   分光计的光谱宽度 $\Delta_f \leqslant$ 实际光谱宽度 ΔE(FWHM)的示意图

（3）狭缝的光谱宽度.

狭缝的光谱宽度 D_f 表达狭缝可以通过光谱的宽度,是狭缝宽度 a 与分光计光谱宽度 $1/D_\lambda$ 的乘积,即

$$D_f = a/D_\lambda. \tag{3.5}$$

（4）狭缝的角宽度和聚光本领 $L(\lambda)$.

聚光本领 $L(\lambda)$ 表示分光计传递光能的效率.设分光计的焦距为 f,入射和出射狭缝分别标记为狭缝 1 和 2.定义狭缝宽 $a_1 = a_2$,高 $b_1 = b_2$,谱线宽和高为 α' 和 β',且 $a_1 = a_2 = \alpha'$,$b_1 = b_2 = \beta'$,则聚光本领为

$$L(\lambda) \propto \tau_\lambda \beta \lambda, \tag{3.6}$$

其中 τ_λ 为仪器透射率,$\beta = a_2/f(a_1/f)$ 是出射（入射）狭缝的角宽度.

所以,对于确定的分光计和激发波长 λ,光谱仪的分辨率与入射狭缝的宽度有关,而聚光本领与出射（入射）狭缝的角宽度有关.

3.6.2   光栅分光计的类型及其特性

1. 单光栅分光计

单光栅分光计的结构如图 3-48 所示.

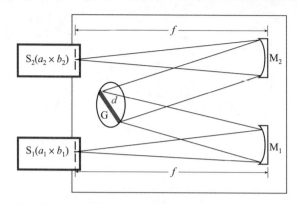

图 3-48   单光栅分光计的结构示意图.其中 S 是狭缝,a 和 b 分别是狭缝的宽和高,G 是光栅,M 是准直镜,f 是准直镜的焦距

2. 多光栅分光计

由多个光栅构成的分光计就是多光栅分光计.

(1) 色散相加型多光栅分光计.

色散相加型双光栅和三光栅分光计的结构及双光栅分光计的分光工作如图 3-49 所示.

(2) 色散相减型双光栅单色仪——滤波器.

如图 3-50 所示,使双光栅单色仪的两块光栅的色散相减,成为色散相减型双光栅单色仪.该双光栅单色仪就成为一个滤波器.

从图 3-50 所示的色散相减型双光栅单色仪的工作原理可以了解到,该单色仪实际上是中心波长可调整的带通滤波器.由此我们可以得到拉曼光谱仪的一个技术措施:对于三光栅分光计,如图 3-51(a)所示,将前二级的双光栅单色仪设成色散相减的双单色仪.图 3-51(b)就是用该类型三光栅分光计测量的 InAs/GaSb 超晶格中声学声子的拉曼光谱.谱图表明低到 10 cm^{-1} 的拉曼光谱都被测量到了.

由以上讨论,我们可以得到拉曼光谱仪的另一个技术措施:有色散相减型双光栅单色仪的分光计可以使光栅次峰变小且不能到达光电探测器.

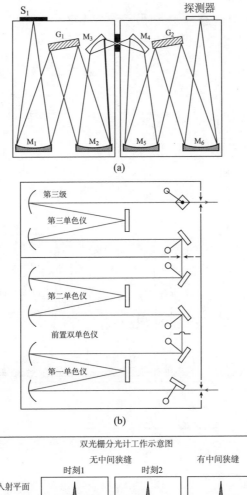

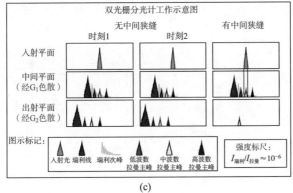

图 3-49 色散相加型双光栅(a)和三光栅(b)分光计的结构,以及双光栅分光计工作的示意图(c)

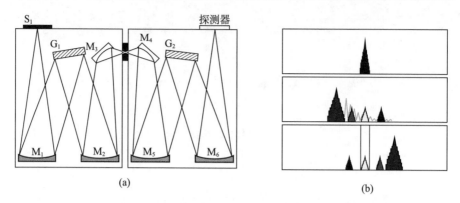

图 3-50   色散相减型双光栅单色仪的结构(a)及其工作原理的示意图(b)

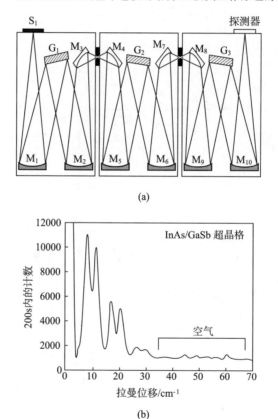

图 3-51   三光栅分光计的结构图(a)，用该类型三光栅分光计测量的 InAs/GaSb 超晶格中声学声子的拉曼光谱(b)[33]

（3）光栅可换的单色仪（多色仪）.

如图 3-52 所示,单色仪上安装了可转动的三光栅塔座,于是成为光栅可换的单色仪,即多色仪.多色仪可扩大单色仪的工作波段和自由光谱范围,同时也可以改变单色仪的闪耀波长和光谱分辨率.

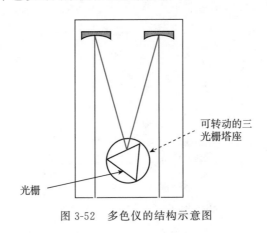

可转动的三
光栅塔座

光栅

图 3-52　多色仪的结构示意图

§3.7　光谱探测

现今光谱探测均采用光电接收器件.光谱仪中用的光电接收器件有光电倍增管（PMT）和电荷耦合器（CCD）两类.

光电倍增管是在外光电效应、二次电子发射和电子光学基础上设计制造的.它具有极高灵敏度和超快时间响应,且能测量微弱的光信号等特点.光谱仪上用的光电倍增管的探测元件非常小且只有一个.因此,它有光谱分辨率高的优点,但也存在通道数为一,一次只能测量一个信息的缺点.

电荷耦合器是在电荷转移基础上设计制造的.它的探测单元的尺寸和探测灵敏度分别比光电倍增管大和低.但是它可以做成集成度非常高的组合件,进行面阵探测,即时接收到宽波长范围的光谱.目前电荷耦合器的灵敏度已达到单光子探测的水平,探测单元达微米量级,从而使电荷耦合器成为光谱仪的主流光谱探测器件.在电荷耦合器的选择上应注意:

（1）工作波段合适；

（2）量子效率高；

（3）信噪比高（暗电流低）；

（4）探测元尺寸符合分辨率要求；

（5）工作条件要求不苛刻或可满足．

§3.8　仪器操控

目前光谱仪操控均利用计算机及相关软件进行．

§3.9　光谱仪的色散效应

如果光谱仪中光学元件所用材料的折射率 n 和偏振特性等参数存在不同，则其对于光的各种特性，如波长、偏振、透射系数及反射系数等的响应也是不同的．例如，如表 3-2 所示，由不同材料制成的光学元件，其工作波长范围也会不同．

表 3-2　不同光学材料对光的透明波长范围和应用波长范围

光学材料	透明波长范围/mm	应用波长范围/mm
普通玻璃	0.4～3	0.4～0.8
光学玻璃	0.3～3	0.3～0.8
石英	0.2～3.5	0.2～2.7

1. 色散效应

对于不同波长、同一强度光的响应强度不同就是所谓的色散效应．

（1）光栅．

铝基底光栅的衍射率存在的色散效应如图 3-53 所示．

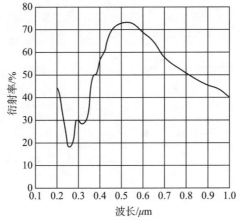

图 3-53 铝基底光栅的衍射率存在的色散效应

(2) 光电倍增管.

由于光电倍增管中使用的光电材料对于不同波长光的响应效率不同, 因此也会发生色散效应, 如图 3-54(a) 和图 3-54(b) 所示.

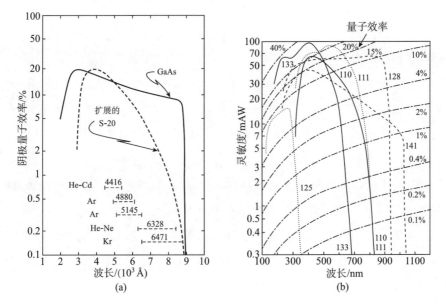

图 3-54 使用不同光电材料的光电倍增管的响应效率. 图(b)中数字的含义为: 110＝多元碱金属(S20), 111＝多元碱金属, 125＝CsTe, 128＝GaAs, 133＝双元 碱金属, 141＝GaInAs[34]

（3）电荷耦合器.

两种不同型号的电荷耦合器的波长响应效率如图 3-55 所示.

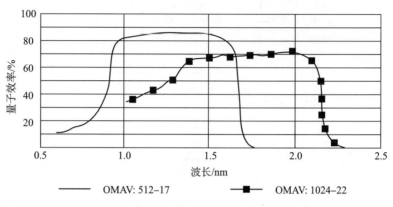

图 3-55   两种不同型号的电荷耦合器的波长响应效率曲线[34]

2. 偏振效应

由各向异性晶体制成的光学元件,其响应效率将与光的偏振状态有关,即存在偏振效应.

图 3-56(a)和图 3-56(b)分别给出了 1800 g/mm 的全息光栅和1200 g/mm的闪耀光栅的衍射效率曲线.在图 3-56 中,O,$E_\perp$ 和 $E_{//}$ 分别代表自然光、垂直偏振光和平行偏振光.图 3-56 清楚地显示光栅的衍射效率除依赖于波长之外还依赖于入射光的偏振状态.

当光电倍增管的窗口使用不同材料时,也会出现不同的偏振响应效率.图 3-57 显示了光电倍增管的这种偏振响应效率.

色散引起不同波长光谱的强度、峰位、偏振和线型等无法比较,导致实测光谱无法精确应用.由此,对拉曼光谱实验给出启示:光谱仪的元件选择和光谱应用必须顾及色散效应.

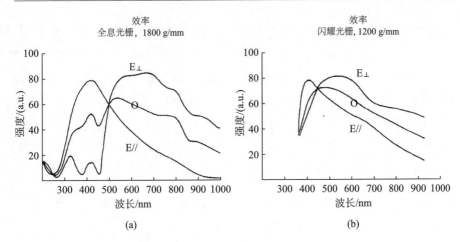

图 3-56　对于不同偏振光的光栅衍射效率曲线，1800 g/mm 的全息光栅（a）和 1200 g/mm 的闪耀光栅（b）[34]

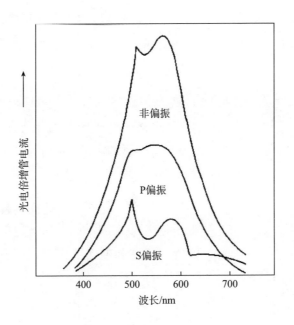

图 3-57　光电倍增管的偏振响应效率曲线[34]

参考文献

［1］Tsai D P, et al. Appl. Phys. Lett., 1994, 64: 1768.

［2］高淑琴，等. 中国激光，1997，24：738.

［3］里佐威. 光学技术，2004，30：688.

［4］贾丽华，等. 光谱学与光谱分析，2009，10：2686.

［5］Dao N Q, et al. European Conf. on Industrial Line Spectroscopy. 1985.

［6］Tan P H, et al. Nature Mater., 2012, 11: 294.

［7］Wu J B, et al. Nature Commu., 2014, 5: 5309.

［8］Jin Y, et al. J. Phys.: Condens. Matter, 1991, 3: 3867.

［9］Barron L D. Nature, 1975, 257: 372.

［10］Kneipp K, et al. Phys. Rev. Lett., 2000, 84: 3470.

［11］Stöckle R M, et al. Chem. Phys. Lett., 2000, 318: 131.

［12］Anderson M S. Appl. Phys. Lett., 2000, 76: 3120.

［13］Pettinger B, et al. Electrochemistry, 2000, 68: 942.

［14］Hayazawa N, et al. Opt. Com., 2000, 183: 333.

［15］Wessel J. J. Opt. Soc. Am. B, 1985, 2: 1538.

［16］Fleischmann M, et al. Chem. Phys. Lett., 1974, 26: 163.

［17］Wackerbarth H. Proceedings of the 24th ICORS. 2014.

［18］Bailo E, Deckert V. Angew. Chem. Int. Ed., 2008, 47: 1658.

［19］Emory S R, Nie S. Anal. Chem., 1997, 69: 2631.

［20］Schopf J W, et al. Nature, 2002, 416: 73.

［21］Zhang S L, et al. Semicond. Sci. Tech., 1998, 13: 634.

［22］Duncan M D, et al. Optics Lett., 1982, 7: 350.

［23］Zumbusch A, et al. Phys. Rev. Lett., 1999, 82: 4142.

［24］Freudiger C W, et al. Science, 2008, 322: 1857.

[25] Nandakumar P, et al. New J. Phys., 2009, 11: 033026.

[26] Hartschuh A, et al. Phys. Rev. Lett., 2003, 90: 095503.

[27] Gaffo L, et al. Spectrochimica Acta Part A, 2004, 60: 321.

[28] You J L, et al. Chem. Phys. Lett., 2001, 18: 991.

[29] Huang F M, et al. J. Appl. Phys., 1998, 84: 4022.

[30] Li H D, et al. Appl. Phys. Lett., 2000, 76: 2053.

[31] Barker A S, et al. Phys. Rev. B, 1978, 17: 3181.

[32] Colvard C, et al. Phys. Rev. Lett., 1980, 45: 298.

[33] Dunstana D J, Frogley M D. Rev. Sci., 2002, 73: 3742.

[34] 张树霖. 拉曼光谱学与低维纳米半导体. 北京: 科学出版社, 2008.

第四章　高质量的拉曼光谱实验

§4.1　坚实的科学技术基础

4.1.1　通晓拉曼光谱仪的科学技术基础

下面对拉曼光谱仪的科学技术基础加以分类归纳.

1. 对拉曼光谱仪的技术要求

(1) 能产生和接收到极大强度的拉曼散射光.

(2) 能最大限度抑制杂散光.

(3) 能得到覆盖波长范围大和可分辨的光谱.

2. 为实现光谱仪的技术要求可采取的技术措施

(1) 能产生和接收到极大强度的拉曼散射光.

① 具有多类型和大数量的电偶极子实体是产生大强度拉曼散射的前提;

② 利用避雷针结构可以极大增强避雷针结构附近的激发光电场;

③ 使用大功率激发光源和能产生小光斑的聚焦透镜进行聚焦可直接加大拉曼散射光的强度;

④ 共振拉曼散射实验可以增大相应拉曼散射光的强度;

⑤ 利用闪耀波长合适的光栅可增大相应波长散射光的强度;

⑥ 将近场拉曼散射光发送至远场是获得大强度拉曼光谱的关键;

⑦ 引入发射天线结构可以将样品散射光的近场部分发送至远处的光

谱仪;

⑧ 表面粗糙化金属样品载体可同时极大提高激发光和散射光的强度;

⑨ 收集光路的收集透镜和分光计的准直镜的孔径角 ϕ 和 ϕ' 相等,可使分光计接收到最大量的散射光.

(2) 能最大限度抑制杂散光.

① 在内光路前设置波长为激发光波长的滤光器件,例如滤光片或中心波长可调整的带通滤光器,阻止激发光和瑞利散射光进入内光路;

② 利用空间滤波法阻止激发光和瑞利散射光接触到光电探测器;

③ 用两个垂直放置的柱面透镜进行入射光或散射光聚焦,可得到与分光计条状入射狭缝匹配的聚焦光斑,从而提高光谱的信噪比;

④ 色散相加型多色仪可使光栅次峰变小.

(3) 能得到覆盖波长范围大和可分辨的光谱.

① 应用多色仪可以得到不同波长范围的光谱;

② 应用光栅条纹数多的光栅或者加大光栅被照明面积可增大光谱的分辨率;

③ 准直镜焦距大的分光计可产生线色散率大的光谱.

4.1.2   了解实测光谱信号的来源及其组分

进行高质量拉曼光谱实验还需要了解实测光谱信号的来源及其组分.下面以多孔硅样品为例,对实测光谱信号的可能来源及其导致的后果加以介绍.

1. 样品

样品的组分除包括需研究的对象——样本,如多孔硅膜外,还常有样本制备过程中产生的杂质和结构缺陷等,以及样本保存过程中产生的变质成分、表面氧化和污染物等.因此,测量得到的光谱中必然会包括来自非样本的杂散谱.

2. 光谱仪

光谱仪的元部件,如样品载体的玻璃容器、表面增强实验的基底和其他光谱仪元部件上的可能的人为污染物都将会产生噪声谱.此外,光谱仪电子电路也会产生噪声谱.表 4-1 就列出了光谱仪电子电路产生噪声谱的情况.

表 4-1　光谱仪电子电路产生噪声谱的情况

器件	噪声	产生原因
一般电子器件	$1/f$ 噪声(闪烁噪声、低频噪声)	电阻:直流电流流过不连续介质. 晶体管:载流子在半导体表面能态上的产生和复合.
电阻	热噪声	电器中自由电子的随机运动.
晶体管	散粒噪声	载流子通过 pn 结和从阴极表面的发射速度不同导致电流波动.

3. 实验环境

做实验时,环境中常有如自然光、照明光或宇宙射线等出现,它们会激发样品产生杂散光谱.此外,市电电压的起伏、电子仪器的信号等外部的电磁波和各类机械振动也会产生杂散光谱.特殊实验条件也会引入干扰谱,如做高温光谱实验时出现的黑体辐射谱.

用合适的激发光引起的样本的拉曼光谱是唯一为实验所需要的,其他光谱都要在测量过程中或实验完成后加以去除.

§4.2　高质量的实验设备

为得到所需要的光谱,必须保证拉曼光谱仪是适用且质量合格的.

如果使用的商品拉曼光谱仪不能满足需要,就要对其加以改造和升级.下面举例介绍改造和升级商品拉曼光谱仪的实例,以供参考.

4.2.1　改造和升级大型 Spex 1877 激光三光栅拉曼光谱仪

图 4-1(a)和图 4-1(b)分别是 Spex 1403 双单色仪和 Spex 1442U 第三单色仪构成的大型 Spex 1877 激光三光栅拉曼光谱仪的光路结构和实物相片. 北京大学购买的这台仪器,在到货时就不适合做固体拉曼光谱的实验,日后更是显得越来越落后.因此,我们对它的有关元部件进行了如下所述的改造和升级.

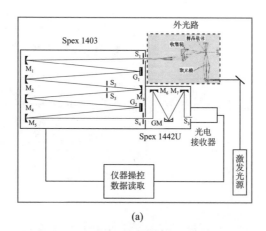

(a)

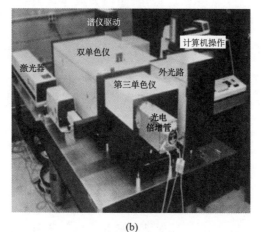

(b)

图 4-1　大型 Spex 1877 激光三光栅拉曼光谱仪的光路结构(a)和实物相片(b)

1. 新建外光路

(1) 原有外光路.

如图 4-2 所示的 Spex 1877 激光三光栅拉曼光谱仪的原有外光路不能做不同光路几何配置、固体样品以及非常规环境条件下的实验.因此,其原有外光路在到货后即被抛弃.

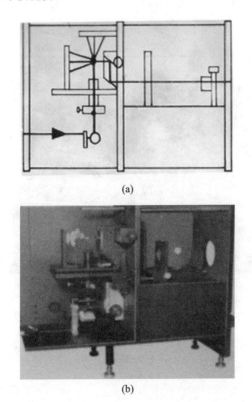

(a)

(b)

图 4-2　Spex 1877 激光三光栅拉曼光谱仪的原有外光路的光路图(a)和实物相片(b)

(2) 全新的外光路.

图 4-3 展示了为 Spex 1877 激光三光栅拉曼光谱仪研制的全新外光路的光路图、结构图和实物相片.表 4-2 列出了外光路关键元部件的更换及其性能.

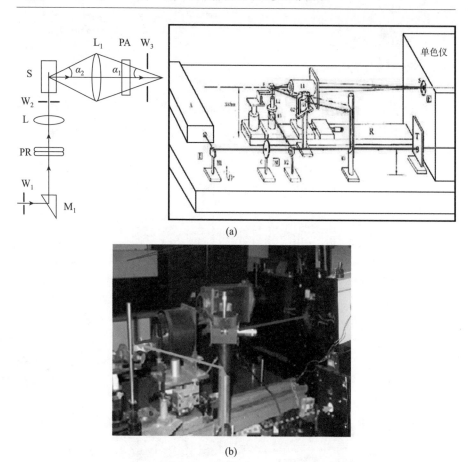

图 4-3　为 Spex 1877 激光三光栅拉曼光谱仪研制的全新外光路的光路图和结

构图(a)及相应的实物相片(b)

表 4-2　外光路关键光学元部件的更换情况

配置	聚集透镜 L	样品装置 S	散射光收集透镜 L_s
原配	圆形	只做 90 度散射	镀铝反射镜,适用波长宽,但调节困难.
新配	柱形	可做各种配置散射	超大孔径透镜,孔径角大、效率高、易调节.

(3) 添加可以满足多种实验条件的样品载体.

上述全新的激发和收集外光路导致可以添加满足多种实验条件的样品载体.新加的样品载体已在本书 3.2.3 节中叙述过了.

2. 改造落后的元部件

由于技术进步,Spex 1877 激光三光栅拉曼光谱仪原有的一些元部件落后了,因此我们对其进行了升级.首先,升级的元部件有:激发光源用的激光器,原光谱仪只有氩离子激光器和染料激光器,后来增加了氦氖激光器、氦镉激光器、砷化镓半导体激光器.其次,升级了计算机和操控软硬件.因原配单板计算机和相应软件很快就落后了,所以引入了通用计算机,并相应地研制了新的仪器控制集成器件电路板,如图 4-4(a)所示,且编制了新软件,淘汰了原光谱仪的所有相关电子部件.新仪器的控制集成器件电路板和新软件以"BDPOX"牌号作为商品出售,复活了我国的同类仪器.再次,升级了显微外光路.此外,因为后来增加了光电探测器,所以我们在 2008 年增加了光电探测器配置,如图 4-4(b)所示.还有,原有显微外光路的显微镜为非共焦显微镜和手动显微平台,不能做三维显微光谱和光谱成像,因此 2012 年我们将其改换为带计算机控制显微平台的共焦显微镜,其外光路如图 4-4(c)所示.

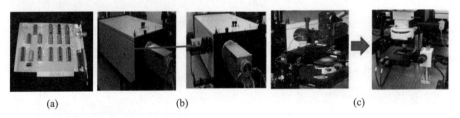

(a)   (b)   (c)

图 4-4 北京大学研制的集成器件电路板(a)及升级的光电探测器配置(b)和新显微平台的外光路(c)的示意图

改造和升级前后的上述拉曼光谱仪的对比如图 4-5 所示.

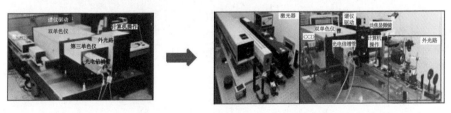

图 4-5 Spex 1877 激光三光栅拉曼光谱仪在改造和升级前后的对比相片

4.2.2　研制特型专业拉曼光谱仪

在商品光谱仪无法满足特殊工作需要的情况下,我们只能自己研制特型的专业拉曼光谱仪.下面介绍几个我们研制的特型专业拉曼光谱仪.

1. 自制教学用小型激光拉曼光谱仪

20 世纪 80 年代初,教育部计划在大学的"现代物理实验"课程中开设"拉曼光谱实验",为此教育部拨给北京大学 5000 元人民币作为开课资金.当时只有国外可提供拉曼光谱仪,不包括激光器的小型拉曼光谱仪的最低价格是 6500 美元,高于开课经费的 10 倍左右,因此根本开不了课.为此,北京大学物理系开展了教学用小型激光拉曼光谱仪的自制工作,并成功研制了一个"激光拉曼光谱装置",其光路如图 4-6(a)所示.这使北京大学物理系在全国最早开设了"拉曼光谱实验"课程,并于 1983 年获得了国家教材委员会颁发的二等奖.为满足全国需要,北京大学后来将该激光拉曼光谱装置升级商品化为如图 4-6(b)所示的 RBD-Ⅱ激光拉曼分光计,并于 1986 年获得国家教委第一届"全国高教物理教学仪器优秀研究成果评选"一等奖.

在 RBD-Ⅱ激光拉曼分光计中,关键的元部件样品架(S)利用了我国第一批专利之一的"拉曼光谱样品架"(专利号 48,设计人张树霖等),散射光聚光镜(L_1)用了上海牌照相机镜头,成为世界上用照相机镜头作拉曼光谱仪散射光聚光镜的开路先锋.其他元部件如光源(L_0)、信号放大器(AM)以及电源和操控系统(RD)是北京大学自制的,而分光计(DWG)和光电倍增管(D)则分别是北京第二光学仪器厂和南京电子管厂生产的.因此,RBD-Ⅱ激光拉曼分光计的所有元部件都是国产的.但是,它被证明达到了很高的技术水平,例如用 2.5 mW 的氦氖激光器成功精确地测量出在图 4-7 中所展示的 CCl_4 的偏振拉曼光谱和表 4-3 所列的退偏度.

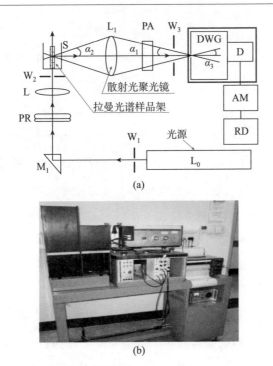

(a)

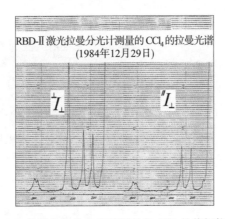

(b)

图 4-6　教学用小型激光拉曼光谱仪装置的光路图(a)和 RBD-Ⅱ 激光拉曼分光计的
实物图(b).光路中的 L_0 是光源,M_1 是光束导向棱镜,PR 是偏振旋转片,L 是入射激
光聚光镜,W_2 是小孔光阑,S 是样品架,L_1 是散射光聚光镜,PA 是偏振旋转片,DWG
是分光计,D 是光电倍增管,AM 是信号放大器,RD 是电源和操控系统

图 4-7　RBD-Ⅱ 激光拉曼分光计测量的 CCl_4 的偏振拉曼光谱图

表 4-3　CCl₄ 的退偏度

谱线/cm^{-1}	理论退偏度	实验测得的退偏度
277	0.75	0.74
314	0.75	0.73
459	0.00	0.02

RBD-Ⅱ激光拉曼分光计出产后,国内单位大量购买,推动了全国"拉曼光谱实验"课程的开设,使我国成为世界上开展拉曼光谱实验教学最早且最广泛的国家.1984 年,国外有单位表示希望购买 RBD-Ⅱ激光拉曼分光计,因为它是当时世界上唯一一个商品化的小型激光拉曼光谱仪.

2. 组建超高温拉曼光谱仪

上海大学的上海市钢铁冶金新技术开发应用重点实验室在研究冶钢过程中原材料的变化时,需要可在超高温条件下工作的拉曼光谱仪,但是当时没有此类商品拉曼光谱仪,因此上海大学就自建了超高温时空分辨耦合拉曼光谱仪,其光路和实物分别如图 4-8(a)和图 4-8(b)所示.它成为当时世界上工作温度最高的拉曼光谱仪,并测量出了如图 4-8(c)所示的 ZrO₂ 的温度高至2023 K的高温拉曼光谱,发现 ZrO₂ 在温度 1273～1473 K 间发生了从单斜向四方相的转变.

3. 构建结合分子束外延设备系统的原位超高真空拉曼光谱仪

可以在分子束外延设备(MBE)的超高真空样品室内生长出如超晶格和纳米团簇等纳米结构样品.但是,样品移出真空室大都会氧化变质,因此,测量到的拉曼光谱就不一定是来自样品的.例如,第一个超晶格的拉曼光谱[1],就是样品在离开分子束外延设备后在空气中测得的.由于其表面氧化变质,因此结果就是错误的.两年后,离开分子束外延设备的样品立刻放入真空样品室内,才获得了第一个正确的超晶格拉曼光谱[2].也就是说,对于分子束外延设备生长的样品,在分子束外延设备内进行原位测量,才能保证得到样品的真实拉曼光谱.为此,我们把分子束外延设备系统和拉曼光谱仪结合在一起构建了原位超高真空拉曼光谱仪.

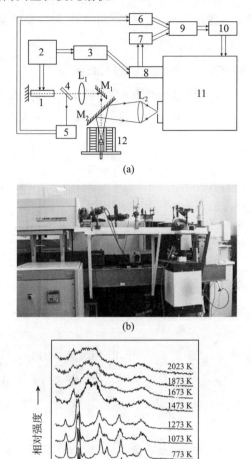

图 4-8　超高温时空分辨耦合拉曼光谱仪的光路图(a),实物图(b)和 ZrO_2 在高温下从单斜向四方相转变的拉曼光谱(c).光路中数字的含义为:1. 脉冲激光器,2. 激光反馈,3. 调制器,4. 分束片,5/8. 光电倍增管,6/7. 脉冲整形,9. 同步回路,10. 数据记录和光谱仪控制,11. 双光栅单色仪,12. 电阻加热炉

　　所构建的原位超高真空拉曼光谱仪使用的是 TriVista 557 显微共焦拉曼光谱仪,使用的分子束外延设备系统是图 4-9(a)所示的超高真空低温分子束外延设备-扫描隧道显微镜(STM)-角分辨光电子能谱仪(ARPES)系统.该系统的真空度优于 $1.0×10^{-10}$ mbar,温度最低可达 4 K.

　　研制的原位超高真空拉曼光谱仪的光路如图 4-9(b)所示,角分辨光电子能谱仪被改造成拉曼光谱仪的样品室.它的 11 号和 4 号窗被改造成从紫外到红外波段均透光的石英玻璃窗,分别作为激光入射窗和散射光收集窗.

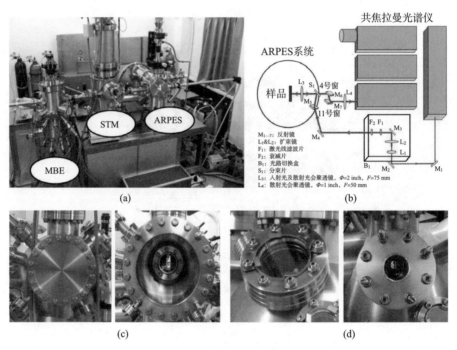

图 4-9　包含扫描隧道显微镜、角分辨光电子能谱仪和超高真空低温分子束外延设备的系统(a),以分子束外延设备系统中的角分辨光电子能谱仪系统为超高真空光谱仪样品室的拉曼光谱仪的光路图(b),角分辨光电子能谱仪的 4 号窗(c),角分辨光电子能谱仪的 11 号窗改装石英窗前后的相片(d)

　　利用上述原位超高真空拉曼光谱仪,北京大学在国际上第一次观察到如图 4-10 所示的拓扑绝缘体 Bi_2Te_3 单层分子的表面声子拉曼光谱[3],证明了结合分子束外延设备系统的原位超高真空拉曼光谱仪的成功构建.

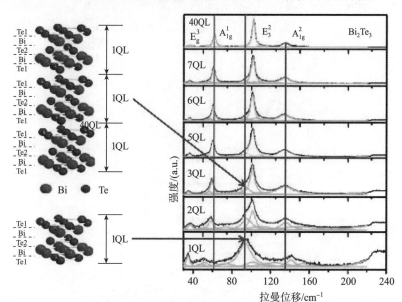

图 4-10 单层拓扑绝缘体 Bi_2Te_3 的结构和表面声子拉曼光谱[3]

有先进的拉曼光谱仪不等于有良好的实验条件.为了有良好的实验条件还需要使仪器处于最佳的技术状态且有条件良好的实验室,下面将分别对它们进行介绍.

§4.3 光谱仪处于最佳技术状态

1. 保证光谱仪及其元部件有良好的技术状态

为了保证光谱仪及其元部件有良好的技术状态,需定期(如北方在暖气开、停后)调整和校准光谱仪的内外光路.我们以图 4-11 所示的单光栅和双光栅分光计为例来介绍光谱仪的调整和校准.

首先,必须有标准谱线作为波长的标准.例如,汞灯的 4 条较强的谱线的频率/波长分别为:$27396.1/365.015$,$22944.3/435.837$,$18312.5/546.07$,

$11472.2/871.6$（cm^{-1}/nm）.

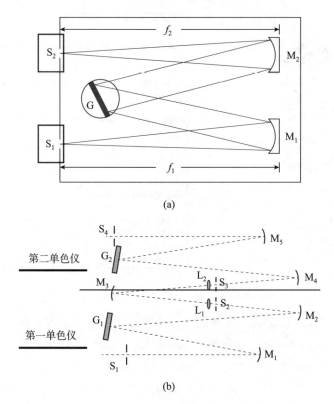

图 4-11　单光栅(a)和双光栅(b)分光计的光路图,其中 G 是光栅,M 和 f 分别
是准直镜及其焦距,S 是狭缝

对于图 4-11(a)所示的单光栅分光计,可通过调节光栅 G 或者准直镜 M_2 进行校准.若光谱仪读数与所测标准谱线的偏差在 5 cm^{-1} 以下,通过调节 M_2 或者 G 就可以使单光栅分光计达到最佳工作状态.

接下来以图 4-11(b)所示的双光栅分光计为例,来说明双光栅分光计的调整和校准.

首先,进行第一单色仪的调整.为此,把光谱灯放在第一单色仪前,将第一单色仪入射和出射狭缝开得尽可能大,转动光栅 G_1 到合适位置,使光谱灯相应波长的谱线不受阻碍地通过第一单色仪到达第二单色仪的入射狭缝,使光谱灯等价于放在第二单色仪的入射狭缝 S_3 前.然后对第二单色仪独立进行类似于第一单色仪的调整.

其次,调整好第二单色仪后,接着进行第一单色仪和第二单色仪的协调调整,也就是使两个光栅能同步工作.目的是保证从 S_2 出射的光束能从狭缝 S_3 的刀口中间穿过,即保证第二单色仪相当于第一单色仪的出射狭缝,从第一单色仪出射的光必定进入第二单色仪.

最后,进行偏差分布调整.上述波长校准和光栅同步都是针对一个波长的标准谱线进行的,而单色仪是在很宽的波长范围内工作的,所以,波长校准和光栅同步完成后,还需要检查多个谱线的波长读出精度,实测的各谱线的误差是否大体相近,且偏差情况如何,视需要进一步做偏差分布的调整.

偏差分布调整的要求与单光栅分光计的调整相似,只是此时的 4 个狭缝 $S_1 \sim S_4$ 的宽度依次设置为 $10\ \mu m, 100\ \mu m, 100\ \mu m, 10\ \mu m$,哈特曼光阑 (Hartmann diaphragm) 的高度均为 $2\ mm$.在狭缝 $S_1 \sim S_4$ 的宽度设置为 $40\ \mu m, 80\ \mu m, 80\ \mu m, 40\ \mu m$,哈特曼光阑高度为 $2\ mm$,扫描步距为 $0.1\ cm^{-1}$,积分时间为 $0.2\ s$ 时,某次合格的调整结果示于表 4-4.

表 4-4 某次合格的调整结果

汞灯谱线 /(cm^{-1}/nm)	理论位置 /cm^{-1}	挡纸厚度 /(1 张 B5 纸)	峰强 /(光子计数)	实测峰位 /cm^{-1}	偏差 /cm^{-1}
11472.2/871.6	7962.8	2	16720.0	7970	7.2
18312.5/546.07	1122.5	4	51720.0	1123.8	1.3
22944.3/435.873	−3509.3	4	2085.0	−3512.8	−3.5
27396.1/365.015	−7961.1	0	4825.0	−7969.7	−8.6

2. 避免光谱仪元器件受污染

薛其坤研究小组在 2001 年合成了国际上第一个团簇样品——直径为 $7 \sim 17\ nm$,高为 $1.0 \sim 3.5\ nm$ 的银团簇.该银团簇样品如图 4-12(a)所示.对于该样品,薛其坤研究小组得到了如图 4-12(b)中红线所示的拉曼光谱,但因该光谱没有纳米结构拉曼光谱的特征,一直不被认为是银团簇的拉曼光谱.在两年后的一次没有放银团簇的实验中,该研究小组记录到了如图 4-12(b)中黑线所示的拉曼光谱,惊奇地发现它与银团簇的红线所示的拉曼光谱几乎完全一样.最终证明红线谱来自光谱仪显微镜物镜上的污染物.从而表明,避免光谱仪元器件受污染十分重要.

(a)

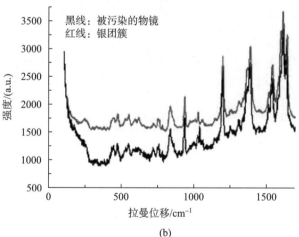

(b)

图 4-12　银团簇样品(a)及其测量到的拉曼光谱(b)

§4.4 条件良好的实验室

条件良好的实验室不仅可以保持光谱仪的技术水平,而且可以使做实验时有良好的环境条件.为此,首先,需保持实验室的无尘、恒温和干燥.其次,需消除震动干扰,这可以通过使用防震台达到.最后,还应消除电子噪声干扰,因此需有良好的接地与屏蔽措施,以减少公共阻抗产生的噪声电压、抑制电容性耦合且避免出现接地电感性耦合.

20 世纪 80 年代,我们在没有防震台且外界电气干扰信号大的情况下,建设了独立地基和独立地线网,使得我们可以进行尺寸小于毫米量级的高温超导晶片的 11 小时显微谱测量,并成功观测到如图 4-13 所示的国际上第一个高温超导体的拉曼光谱.这使得拉曼光谱杂志(*Journal of Spectroscopy*)总编在第 27 期(1996 年)的"编者按语"中认为:张树霖小组是世界半导体和超导体拉曼光谱的领先小组(leading group).

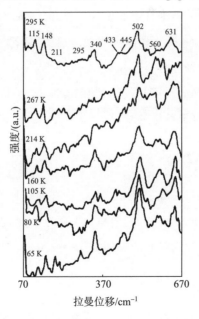

图 4-13 高温超导体 $YBa_2Cu_3O_{7-x}$ 的拉曼光谱[4]

§4.5   正确的实验操作

正确的实验操作是进行实验测量时必须做到的,为此需要做到下述各点.

4.5.1   正确测量并获取可靠的拉曼光谱参数

1. 频率值读取

首要工作是正确标定光谱仪波数的零点,关键是选好用于标定的标准谱线.最好选原子气体,如 Hg,Ne 等的标准谱线.其次,在实验开始和结束时各进行一次标准谱线标定,取其平均值作为标准.

2. 强度的测量

绝对强度的测量是极难且很少做的工作.相对强度的测量和比较是可能的,但必须在相同实验条件下测量才有效.一般情况下,只有同一次测到的光谱的各个谱峰强度可以进行直接比较.此外,引入一个样品强度不随频率改变的光谱作为"标尺"(如在可见光波段用 CaF_2),并与待测样品在同一实验条件下测量,也可以得到可靠的结果.

3. 偏振特性的测量

由于分光计必然存在偏振色散,因此只有前后两次进入分光计的散射光的偏振方向是相同或无取向的,两次偏振强度的比较才是有意义的.

若前后两次测量的散射光的偏振方向是垂直的,即

$$\rho(\theta) = \frac{^{\perp}I_{/\!/}(\theta)}{^{/\!/}I_{\perp}(\theta)}, \tag{4.1}$$

则应在入射狭缝前加 1/4 波片,使散射光均校正为无偏振的圆偏振光,从而不受分光计存在的偏振色散的影响.

若前后两次测量的散射光的偏振方向是相同的,即

$$\rho(\theta) = \frac{^{\perp}I_{\perp}(\theta)}{^{/\!/}I_{\perp}(\theta)}, \tag{4.2}$$

则在分光计入射狭缝前可以不加任何偏振元件.

为使偏振特性的测量可靠,一般应先进行标准样品的退偏度测量.一般可用如表 4-5 所示的 CCl_4 有关谱线的退偏度作为标准.

表 4-5　CCl_4 有关拉曼谱线的退偏度的值

谱线/cm^{-1}	退偏度
277	0.75
314	0.75
459	0.00

4.5.2　光谱仪元部件运转参数的正确选择

1. 激发光源

(1) 光源波长的选择.

选择光源波长可以产生共振拉曼散射,使多声子散射等极弱的拉曼光谱被观测到.图 4-14(a)就显示了共振拉曼散射使极弱的多声子拉曼散射观察到高达 9 级的拉曼光谱.共振拉曼散射还可以增强特定声子的拉曼散射强度,图 4-14(b)就显示不同波长的共振拉曼散射选择显示了不同的声子谱.

选择光源波长还可以避开光致发光光谱对拉曼光谱的干扰.如图 4-15 所示的巧克力光谱,波长为 785 nm 激光激发的光谱,在可见光波段出现的极强的光荧光光谱掩盖了拉曼光谱;而波长为 1064 nm 红外光激发的光谱,使可见光区光荧光光谱极大减弱,消除了可见光区光荧光光谱的干扰,拉曼光谱就可以清楚地显示出来.

(2) 光源功率的选择.

在不致样品升温或烧毁的条件下,选稳定的最小激光功率.

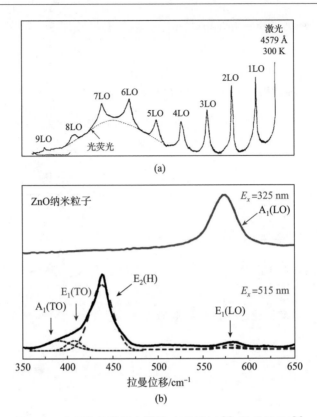

图 4-14　共振拉曼散射光谱图.多声子(a)[5],单声子(b)[6]

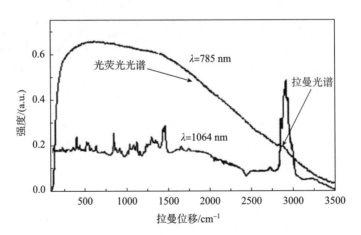

图 4-15　不同波长光激发的巧克力光谱

2. 样品

(1) 保证测量样品的纯洁.

首先,要保证样品外表面无人为污染物.GaAs/AlAs 超晶格垒层限制声子的拉曼光谱在相当长的时间都没有被观测到,后来发现这是由于样品表面被实验室的环境油气污染导致的.1986 年,经半导体清洗工艺处理后,终于得到了它的只有 2～4 个光子的光谱信号,如图 4-16 所示.

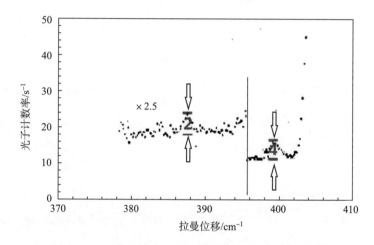

图 4-16   GaAs/AlAs 超晶格垒层限制声子的拉曼光谱[7]

(2) 引入参照样品.

为证实新奇的违反物理常规理论的实验结果的可靠性,引入参照样品做对照实验验证是十分关键的.例如,图 4-17(a)显示的不同尺寸的 ZnO 纳米粒子的拉曼位移不随尺寸变化的结果,明显违反了纳米结构的基本效应——有限尺寸效应,这需要有其他独立的实验证明,才能被认为是可靠的结果.在发现了如图 4-17(b)所示的不同尺寸 InSb 纳米粒子的拉曼位移也不随尺寸变化后,图 4-17(a)的实验有了旁证,因此可以得以确认,证实了纳米粒子的声子确实不存在有限尺寸效应这一反常现象.

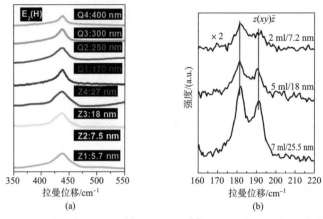

图 4-17　不同尺寸 ZnO[6]（a）和 InSb[8]（b）纳米粒子的拉曼光谱

　　又如，为否定长期以来所公认的 1145 cm^{-1} 拉曼峰是纳米晶金刚石的本征峰，必须有另一独立样品的实验加以证明.如图 4-18 所示，我们对比了微波等离子体化学气相沉积（MP-CVD）和爆轰法两种方法形成的纳米晶金刚石的拉曼光谱.爆轰法形成的材料必定是金刚石，但是没有出现 1145 cm^{-1} 的拉曼峰，这表明 1145 cm^{-1} 的拉曼峰与金刚石无关，应该不是纳米晶金刚石的本征拉曼峰[9].事实上，其他科研人员也与我们有相似的怀疑，他们也用实验证明了该位置处的拉曼峰来自 MP-CVD 合成过程中产生的副产物——聚乙炔[10].

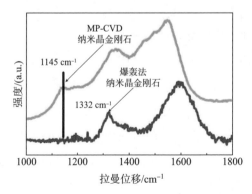

图 4-18　证明 1145 cm^{-1} 拉曼峰不是纳米晶金刚石特征拉曼峰的两种纳米晶金刚石的拉曼光谱图[9]

3. 激发和收集光路

(1) 使拉曼散射光斑形状与入射狭缝形状匹配.

拉曼散射光斑形状与入射狭缝形状匹配,可以使进入分光计的拉曼光谱有最佳的信噪比.为此,通过用两个垂直放置的柱面透镜作为激发光聚焦透镜,可使激发光的照明光斑与入射狭缝形状匹配.

(2) 使拉曼散射光被分光计收集的效率高.

收集光路透镜的孔径角应尽可能大,并且与内光路的聚焦透镜的孔径角匹配,可提高拉曼散射光被分光计收集的效率.

但测偏振谱时孔径角应尽可能小,以保证偏振的高质量.

(3) 用一般或布儒斯特角斜入射方案,以避免入射激光直接进入分光计.

(4) 合理选择和利用激发和收集光路的光学元件.

如合理使用显微镜、光纤和金属针尖等构成的激发和收集光路合一的光路.

(5) 最优化应用带通滤光片的单片或其组合.

4. 内光路

(1) 光栅.

光栅的选取应根据光谱分辨率和覆盖波长的要求,保证光栅角色散率、尺寸符合要求,闪耀波长在实验要求波长区,自由光谱范围在一级光谱工作波段.

(2) 狭缝的宽和高.

根据光谱分辨率和覆盖波长的要求选择狭缝的宽和高,使光栅照明面积合理.出射和中间狭缝的宽一般分别取为与入射狭缝相等或其两倍的值.

5. 光电探测器件

对目前广泛应用的 CCD,应选择工作波段合适、量子效率高、信噪比高(暗电流低)、探测元尺寸符合分辨率要求和工作条件要求不苛刻或易满足的 CCD.

6. 数据读取和仪器操控参数的设置

(1) 扫描的频率步距.

一般根据一个光谱峰至少有 5 个取样点的原则,确定扫描步距的大小.

(2) 扫描的频率范围.

通过大范围的快速预扫描,确定扫描频率的覆盖范围,或者根据样品的已知或预计需要确定频率覆盖范围.

(3) 采样的时间与方式.

增加采样次数 n 或采样时间 t,将提高光谱的信噪比.多次扫描累加的方式适合样品和外部条件稳定的情况,而加长每一测量点的采样时间 t,适合样品和外部条件随时间变化的情况.

§4.6　实测光谱后处理

实验得到的原始光谱一般包含样品和非样品光谱.样品光谱包含测量需要的样本光谱和不需要的非样本光谱.而样本光谱除包含拉曼光谱外,还有各种非拉曼光谱.获得样本的拉曼光谱,以及在样本拉曼光谱出现反常特征时给出合理解释,是实测光谱后处理的主要任务.

4.6.1　除去非样品光谱

实验记录的光谱会存在不需要和有害的非样品光谱.对此,可以通过谱图处理加以扣除.扣除工作可根据非样品光谱的性质和特点进行.

1. 随机噪声谱

随机噪声谱有人为和自然随机噪声谱两类.人为和自然随机噪声谱如图4-19所示,分别主要来自电器设备和宇宙射线.一般通过平滑处理对随机噪声谱加以扣除.平滑处理有很多方法,如五点二次平滑法、最小二乘法、加权平均法和傅里叶变换法等.图 4-19(a)中的实线和图 4-19(b)中去掉尖峰的实线就是平滑处理后获得的可应用的样品光谱.

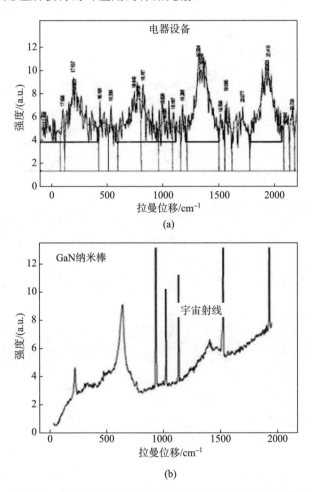

(a)

(b)

图 4-19　有强随机噪声的光谱及经平滑处理后由实线表达的可应用的样品光谱

2. 非样本光谱

图 4-20(a)是 SiC 纳米棒的原始光谱,由于样品是用碳纳米管制备的,且实验中发现存在较强的光致发光谱,因此对原始光谱进行了光致发光谱和碳纳米管拉曼光谱扣除,得到了如图 4-20(b)所示的光谱.该光谱就是 SiC 纳米棒样本的拉曼光谱.

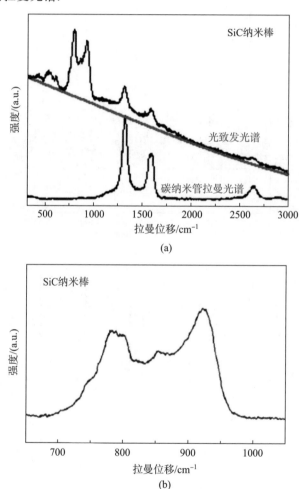

图 4-20   SiC 纳米棒的原始光谱(上黑线)及其杂谱处理示意图(a)和经谱图处理后的光谱(b)[11]

4.6.2 光谱参数正确性的确认

1. 光谱频率

（1）碳纳米管的斯托克斯和反斯托克斯频率反常地不相等．

如图 4-21 所示，1997 年北京大学先后在多壁和单壁碳纳米管的拉曼光谱中发现，它的 G，D 和 G^* 声子的斯托克斯频率 ω_s 和反斯托克斯频率 ω_{as} 的绝对值不相等．

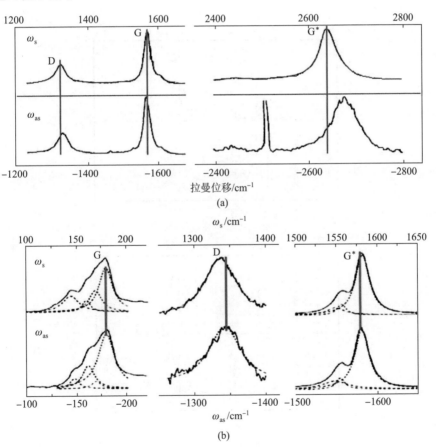

图 4-21 多壁(a)和单壁(b)碳纳米管的拉曼光谱图

如该现象可靠,则表明时间反演不变原理在碳纳米管中不成立.这是一个基础性的科学问题,因此,必须首先验证实验结果的可靠性.考虑到 ω_s 和 ω_{as} 光谱频率差值很大,因此必须经光谱仪色散曲线校正后,数据才是可靠和可用的.

但是,目前所有仪器均不提供其自身的色散曲线,有的知名光谱仪器商还根本不承认他们的光谱仪有色散问题.为此,我们不得不自测以得到 Extended Mode Renishaw 1000 光谱仪(No. G 6740)的色散曲线.对碳纳米管的原始光谱进行 Ne 光谱灯谱线标定和光谱仪色散曲线校正后的光谱图示于图 4-22,具体数据示于表 4-6 中.

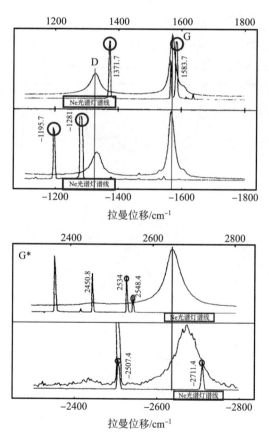

图 4-22　经 Ne 光谱灯谱线标定和光谱仪色散曲线校正后的碳纳米管的光谱图

表 4-6 中所示数据清楚地表明测量到的斯托克斯频率 ω_s 和反斯托克斯频率 ω_{as} 的绝对值确实是不相等的.于是,一个违反时间反演不变原理的重要反常现象被发现了.显然,对其根源的分析和研究具有重大的科学意义.

表 4-6   经 Ne 光谱灯谱线标定和光谱仪色散曲线校正后的数据

	$\omega_s/\mathrm{cm}^{-1}$	$\omega_{as}/\mathrm{cm}^{-1}$	$\Delta = (|\omega_{as}| - |\omega_s|)/\mathrm{cm}^{-1}$
D	1325	-1332	7
G	1570	-1571	1
G*	2645	-2677	32

时间反演不变原理只在均匀的理想空间成立.而我们考虑到如图 4-23(a)所示的碳纳米管可视作由二维石墨片卷曲而成.因此,相对二维石墨片,碳纳米管是一种缺陷结构,显然由此可以认为是缺陷导致了 ω_s 和 ω_{as} 的绝对值不相等的现象,并进而预测不相等与缺陷程度大小,即碳纳米管直径 d 的大小有直接关联.图 4-23(b)所示的实验结果确实证明了该观点.

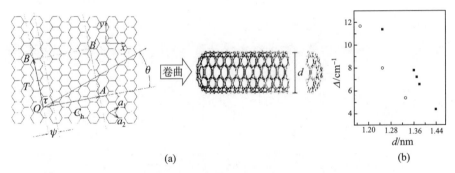

(a)   (b)

图 4-23   二维石墨片和碳纳米管的结构关联(a)以及实测碳纳米管的斯托克斯
频率 ω_s 和反斯托克斯频率 ω_{as} 的绝对值的差值 Δ 与平均直径 d 的关系(b)

为进一步证明是缺陷导致了 ω_s 和 ω_{as} 的绝对值不相等,我们测量经金离子轰击形成有缺陷的代表二维石墨片的高定向热解石墨(HOPG)的斯托克斯和反斯托克斯拉曼光谱,结果示于图 4-24.该图的结果表明 ω_s 和 ω_{as} 的绝对值有 7.7 cm^{-1} 的差别,证明了不相等确实源于结构缺陷.

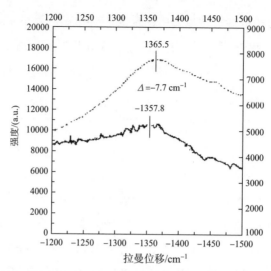

图 4-24　经金离子轰击形成的有缺陷的 HOPG 的斯托克斯(上)和反斯托克斯
(下)拉曼光谱

为了从理论上证明 ω_s 和 ω_{as} 的绝对值不相等,考虑到双共振拉曼散射只
能由缺陷结构产生,因此我们计算了碳纳米管结构的电子和声子的色散曲
线,证明碳纳米管结构可以产生双共振.计算得到的斯托克斯频率 ω_s 和反斯
托克斯频率 ω_{as} 与实验值的比较示于表 4-7.两者符合得很好,从而在理论上
证明了 ω_s 和 ω_{as} 的绝对值不相等确实源于结构缺陷.

表 4-7　理论计算和实验观察到的斯托克斯频率 ω_s 和反斯托克斯频率 ω_{as}

	理论计算/实验观察	ω_s/cm^{-1}	ω_{as}/cm^{-1}	$\Delta=(\lvert\omega_{as}\rvert-\lvert\omega_s\rvert)/cm^{-1}$
管 1(17,0)	理论计算	1343	−1349	6
	实验观察	1337	−1342	5
管 2(9,9)	理论计算	1399	−1408	9
	实验观察	1314	−1322	8

(2) 极性半导体光学声子拉曼位移不出现有限尺寸效应[12−15].

图 4-25(a)展示了不同尺寸的 ZnO 纳米粒子,它们的单声子和多声子的
拉曼光谱以及拉曼位移随尺寸的变化分别如图 4-25(b)和图 4-25(c)所示.

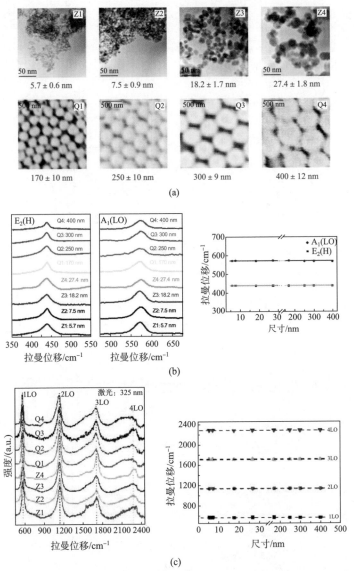

(a)

(b)

(c)

图 4-25　不同尺寸的 ZnO 纳米粒子的形貌(a),及其单声子(b)和多声子(c)的
拉曼光谱以及拉曼位移随尺寸的变化

　　图 4-25(b)和图 4-25(c)表明 ZnO 纳米粒子的拉曼位移不随尺寸改变,
也就是说 ZnO 纳米粒子不存在有限尺寸效应.对这一涉及基本物理的推论,

必须有旁证.为此,我们首先对同样的 ZnO 纳米粒子在测量拉曼光谱的同时又测量了光荧光光谱,结果示于图 4-26.该图表明,虽然声子拉曼位移不随样品尺寸变化,但是光荧光光谱位移随样品尺寸变化,表明所测样品是存在有限尺寸效应的.

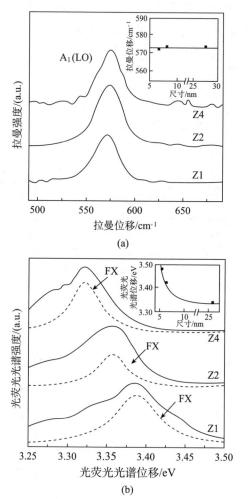

图 4-26   ZnO 纳米粒子的拉曼光谱(a)和光荧光光谱(b)

随后,我们进一步测量了不同尺寸的 ZnO 和 InTe 纳米粒子的声子以及 Si 和金刚石纳米粒子的声子的拉曼光谱.图 4-27 展示了上述实验所得的拉曼光谱的拉曼位移随样品尺寸的变化情况.

表 4-8 归纳了极性半导体声子的相互作用势及其特性,揭示出现有限尺寸效应的"尺寸"不简单指样品的"几何尺寸",而是研究对象涉及的"相互作用尺寸".

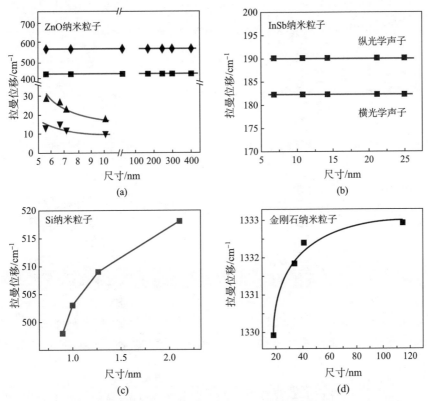

图 4-27 拉曼位移随样品尺寸的变化情况.ZnO 纳米粒子(a),InSb 纳米粒子(b),Si 纳米粒子(c),金刚石纳米粒子(d)

表 4-8 极性半导体声子的相互作用势及其特性

	相互作用势	作用势作用距离	平移对称性	有限尺寸效应
光学声子	长程库仑势	跨数个原胞≥5 nm	不存在	无
声学声子	短程形变势	限近邻原子≤0.1 nm	存在	有

2. 光谱线型

(1) 多孔硅单声子谱出现双峰.

多孔硅是人类开始最早且研究最广泛的纳米结构.最早发表的两个多孔硅的本征拉曼光谱如图 4-28 所示,它们都由双峰构成,并认为双峰分别来自非晶硅＋晶体硅和 TO－LO(横光学声子-纵光学声子)分裂.

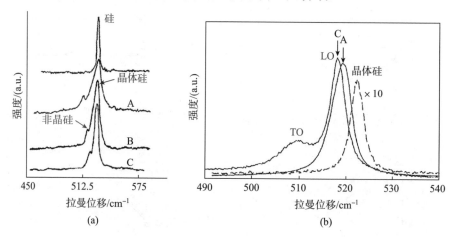

图 4-28 文献发表的由双峰构成的多孔硅的拉曼光谱[16,17]

根据第二章关于纳米结构拉曼光谱特征的论述,图 4-28 所示的由双峰构成的拉曼光谱不可能是多孔硅的本征拉曼光谱.因此,找到真正的多孔硅的本征拉曼光谱成为十分需要和必须进行的工作.

已知光在物体内的穿透深度 d 与光波长 λ,相对磁导率 μ 和电导率 σ 有下列关系:

$$d \approx [\lambda/(\mu\sigma)]^{1/2}. \tag{4.3}$$

因此,对同一样品(即 μ 和 σ 相同),光在照射样品时的穿透深度 d 与光波长 λ 成正比.多孔硅样品的结构如图 4-29(a)所示,是由微米厚度的多孔硅膜和毫米厚度的晶体硅衬底构成的.用蓝光作激发光测量到的样品组分如图 4-29(b)所示,因此拉曼峰必然是由来自多孔硅膜及其硅衬底的双峰所构成的.

为证实上述分析的正确性,我们测量了用不同波长激光激发的多孔硅样品的拉曼光谱,结果示于图 4-29(c).图中用 488.0 nm 蓝光激发的拉曼光谱与 R. Tsu[16] 和 S. R. Goodes[17] 等人发表文献中的双峰谱相似.而由457.9 nm 短波和 756.1 nm 长波激发的拉曼光谱,分别是不对称和对称的单峰.

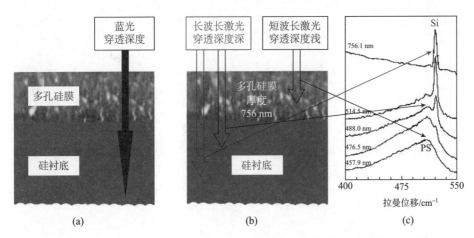

图 4-29　多孔硅的样品结构(a),以及用蓝光作激发光测量到的样品组分(b)和拉曼光谱(c)

为证明图 4-29(c)中不对称的单峰是多孔硅的本征拉曼光谱,我们测量了用不同波长激光激发的膜厚度大于 200 μm 的多孔硅样品的拉曼光谱,结果示于图 4-30(a).上述实验结果在实验上已经证明了多孔硅的本征拉曼光谱是不对称的单峰.

可靠的结果还需要理论验证加以最终确认.图 4-30(b)是用微晶模型计算的多孔硅样品的拉曼光谱与实验光谱的对比,两者符合得很好.从而理论也证明了多孔硅的本征光谱确实是不对称的单峰,同时还说明多孔硅是微晶体.

(2) SiC 纳米棒的拉曼光谱出现三个峰.

图 4-31(a)和图 4-31(b)展示了 SiC 纳米棒的高分辨电镜图和根据实验测得的拉曼光谱.图 4-31(b)在只有两个光学声子的频率区反常地出现了三个峰.而如图 4-31(c)所示的斯托克斯和反斯托克斯拉曼光谱的对比图,清楚

地表明两者吻合得很好,从而在实验上证明了图 4-31(b)展示的是 SiC 纳米棒的本征拉曼光谱.

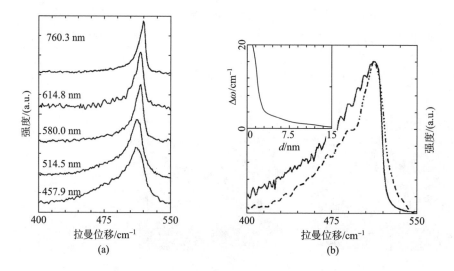

图 4-30   用不同波长激光激发的膜厚度大于 200 μm 的多孔硅样品的拉曼光谱 (a),以及根据微晶模型计算与实验得到的多孔硅样品的拉曼光谱的对比图 (b)[11]

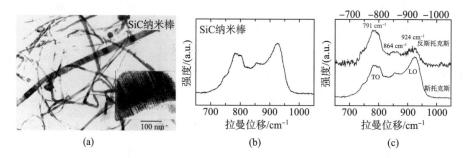

图 4-31   SiC 纳米棒的电镜图(a)和拉曼光谱(b)以及斯托克斯和反斯托克斯拉曼光谱的对比图(c)[18]

现在需要从理论上证明图 4-31(b)显示的拉曼光谱是 SiC 纳米棒的本征拉曼光谱.为此,用微晶模型计算了 SiC 纳米棒的拉曼光谱,结果示于图 4-32(a).该图不仅没有出现 3 个峰,而且 LO 峰的频率只比体峰下移了

$5\ \mathrm{cm}^{-1}$,并且只有实验值的 1/9.因此,根本不能解释实验结果.

对图 4-31(a)仔细观察,可以发现 SiC 纳米棒内部存在数量巨大的层错,因此,所谓 SiC 纳米棒实际上是非晶结构.据此,我们应用非晶模型,并考虑到极性半导体具有的长程库仑作用,计算了样品的拉曼光谱,计算结果示于图 4-32(b).图 4-32(b)表示理论结果与实验结果符合得很好.从而证明了观察到的光谱是样品的拉曼光谱,同时也表明 SiC 纳米棒不具有微晶结构,而是纳米非晶体.

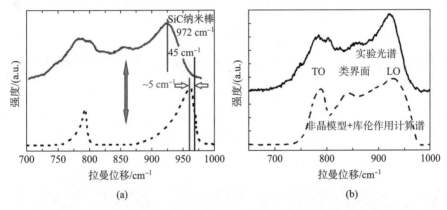

图 4-32 利用微晶模型(a)和考虑到极性半导体具有长程库仑作用的非晶模型(b)计算得到的理论拉曼光谱(虚线)与实验拉曼光谱(实线)的对比图

参考文献

[1] Barker A S, et al. Phys. Rev. B, 1978, 17: 3181.

[2] Colvard C, et al. Phys. Rev. Lett., 1980, 45: 298.

[3] Wang C X, et al. Nano Research, 2013, 6: 688.

[4] Zhang S L, et al. Solid State Commu., 1988, 66: 657.

[5] Leite R, et al. Phys. Rev. Lett., 1969, 22: 780.

[6] Zhang S L, et al. Appl. Phys. Lett., 2006, 89: 243108.

[7] Zhang S L, et al. Proceedings of the 10th ICORS. 1986.

[8] Armelles G, et al. J. Appl. Phys., 1997, 81: 6339.

[9] 阎研, 等. 光散射学报, 2004, 16: 131.

[10] Ferrari A C, et al. Phys. Rev. B, 2001, 63: 121405(R).

[11] Zhang S L, ct al. Solid State Commu., 1999, 111: 647.

[12] Zhang S L, et al. Appl. Phys. Lett., 2006, 89: 063112.

[13] Zhang S L, et al. Appl. Phys. Lett., 2007, 90: 263113.

[14] 张树霖, 等. 光散射学报, 2007, 60: 321.

[15] Zhang S L, et al. Phys. Lett. A, 2008, 372: 2474.

[16] Tsu R. Appl. Phys. Lett., 1992, 60: 112.

[17] Goodes S R, et al. Semicond. Sci. Technol., 1988, 3: 483.

[18] Zhang S L, et al. J. Appl. Phys., 1992, 72: 4469.

后记　中国拉曼光谱学者的继往开来

一、拉曼散射发现和发展的基础是实验

1. 拉曼散射的发现

1921 年,拉曼从英国回印度,坐轮船经过地中海时,被蔚蓝色海水迷住. 瑞利认为"海水呈蔚蓝色"只不过是蓝色天空在海水表面的反射,拉曼怀疑瑞利的观点,并用尼科耳棱镜(Nicol prism)做实验证明瑞利的观点确实是错误的.回印度后,经前后近七年的实验,在 1928 年 1 月,他发现通过纯甘油的散射光由通常的蓝色变成了浅绿色.拉曼于 1928 年 2 月 16 日写了一篇题目为"一种新型的二级辐射"的"短文"寄给 *Nature* 杂志,并于当年 3 月 31 日发表.两年后的 1930 年,拉曼因这篇不到半页的"短文"被授予诺贝尔奖.

虽然斯迈克尔(A. Smekel)在 1923 年就发表了瑞利线两侧存在伴线的理论.但是,当时拉曼并不知道这个理论.因此,拉曼得诺贝尔奖完全是基于实验的工作.

2. 拉曼光谱学的发展

(1) 拉曼光谱仪的发展进步.

由表 1 可清楚地看到,历年来拉曼光谱仪的所有元部件均有改进.

(2) 拉曼光谱学类型的发展.

由于元部件的改进,拉曼光谱仪的水平有了很大提高,拉曼光谱学的类型也因此有了很大增加.例如:

① 因激发光频率 ω 即波长 λ 范围不同的红外、可见和紫外拉曼光谱等.

② 随电场传播方向 k 变化的角分辨光谱.

③ 随电场 E_0 偏振方向变化的偏振光谱.

④ 测量时间不同的时间分辨谱和瞬态光谱.

⑤ 测量取样的几何空间不同的空间分辨谱.

表 1 拉曼光谱仪元部件的改进和提高

年代	光源	外光路		分光元件	光谱探测	数据读取	仪器操控	拉曼光谱学的发展阶段
		激发和散射光聚焦	样品载体					
20 世纪 30—50 年代	汞灯	常规透镜	常规载体	三棱镜	照相干板	读数显微镜	手动	汞灯
20 世纪 60 年代	激光							激光
20 世纪 70 年代				光栅	PMT	记录仪		
20 世纪 80 年代		显微镜/光纤	非常规条件/粗糙化表面			计算机	计算机	
20 世纪 90 年代		近场显微镜			CCD			
21 世纪		金属探针						

（3）拉曼光谱学应用范围的扩大.

基于拉曼光谱仪的技术进步,拉曼光谱学的应用也得到了极大的扩展. 例如:

① 科学应用方面.

（i）由化学分子扩大到块状固体、纳米结构和生物分子等.

（ii）测量的参数扩大到如物体的尺寸、温度和应力等物理参数.

② 技术应用方面.

（i）国土安全和反恐.

（ii）电子工业.

(iii) 环境保护.

(iv) 食品安全.

(v) 医药.

(vi) 矿物和化石鉴别.

(vii) 文物保护.

……

二、拉曼光谱学的国际发展与中国的贡献

1. 第一时期(1929—1945 年)

(1) 国际发展——高速前进.

从 1929 年拉曼和拉马克里希南(V. Ramakrishnan)发表第一个 CCl_4 的拉曼光谱至 1939 年的 10 年间,国际上就发表了 1757 篇以上的拉曼光谱论文.

(2) 中国贡献——后发领先.

① 后发.

发现拉曼效应 8 年后的 1936 年,吴大猷先生才发表了中国人在国内完成研究的第一篇拉曼光谱论文[1].

② 领先.

1939 年,吴大猷先生在国立西南联合大学完成和出版了英文专著 *Vibrational Spectra and Structure of Polyatomic Molecules*. 该时期的拉曼光谱只局限于化学分子振动谱的研究,因此,该书成为世界上第一和唯一一个总结该时期拉曼光谱研究成果的专著. 该专著成为一本经典著作,1941 年和 1946 年美国就两次出了该专著的重排版. 至今, 该书仍被人们引用.

2. 第二时期(1946—1961 年)

(1) 国际发展——停滞沉默.

第二次世界大战以后,得益于军用红外技术的飞速发展,红外光谱的设

备和技术大为长进.因此只能进行化学分子振动光谱研究的拉曼光谱学完全由红外光谱学所"取代".在 1946 年之后的近 20 年时间里,拉曼光谱研究处于停滞沉默状态.

(2) 中国贡献——异军突起.

1951 年,黄昆发表了有关耦合波子(Polariton)的论文[2].1954 年,黄昆与玻恩(M. Born)一起撰写了《晶格动力学理论》(*Dynamical Theory of Crystal Lattices*)专著.黄昆的上述论文和专著是当时的突出工作,也为日后的固体拉曼光谱学奠定了理论基础.

3. 第三时期(1962—1984 年)

(1) 国际发展——重生回归.

1960 年激光器出现,作为拉曼光谱仪激发光源的汞灯很快被激光取代.在激光器被发明不到两年的 1962 年,由红宝石 694.3 nm 的脉冲激光作为光源的第一篇激光拉曼光谱论文[3]发表,标志着用汞灯作为激发光源的传统光谱学的结束以及拉曼光谱学的新生,拉曼光谱学研究从只能进行化学分子研究,扩展到可进行固体拉曼光谱学研究.

(2) 中国贡献——缺席指导.

① 缺席.

20 世纪 60 年代中期,在黄昆先生的建议下,中国计划开展激光拉曼光谱学研究.为此,1965 年,北京大学斥资 6.5 万美元从国外订购了拉曼光谱仪.同时,北京大学派专人造访国内机密研制单位,提出购买红宝石激光器的要求.

1966 年光谱仪到货,但是由于当时已开始"文革",基础科研停止,光谱仪只能躺在实验室里,红宝石激光器也不得不停止购买.于是,激光拉曼光谱工作被迫停止,错过因而"缺席"了发展固体拉曼光谱研究的大好时机.

② 指导.

但是,上述黄昆先生在 1951 年和 1954 年发表的论文和专著成为固体拉曼光谱研究的理论指导.为此,2000 年召开的国际拉曼光谱学大会就举办了向黄昆先生致敬的专题报告会.

4. 第四时期(1985 年至今)

(1) 国际发展——全面辉煌.

如表 1 所列,1985 年后,拉曼光谱仪的其他部件也进行了更新,出现了许多新的学科分支,例如:表面增强、非常规和极端、显微、光纤、近场和针尖增强拉曼光谱学等.

新学科分支的出现,也导致拉曼光谱学的应用大为扩展,出现了众多的拉曼光谱学应用分支.例如:

① 物质形态不同的拉曼光谱学.

(i) 化学分子拉曼光谱学.

(ii) 凝聚体拉曼光谱学.

(iii) 生物体拉曼光谱学.

② 尺寸微小物体的拉曼光谱学.

(i) 纳米结构拉曼光谱学.

(ii) 等离激元和等离极化激元拉曼光谱学.

(iii) 电子和激子拉曼光谱学.

(iv) 自旋和磁子拉曼光谱学.

③ 技术领域不同的拉曼光谱学.

(i) 医药拉曼光谱学.

(ii) 地球(矿物)拉曼光谱学.

(iii) 艺术和考古拉曼光谱学.

(iv) 工业拉曼光谱学.

(v) 司法拉曼光谱学.

(vi) 国家安全和环境保护拉曼光谱学.

(vii) 行星和太空生物拉曼光谱学.

上述结果表明国际拉曼光谱学进入了全面辉煌的阶段.

（2）中国贡献——后来居上.

1984 年,国内 15 所大学用世界银行贷款购买了当时最先进的美国生产的 Spex 1877 激光三光栅拉曼光谱仪,并对其进行了改造升级,使我们拥有的拉曼光谱仪的水平飞跃世界前列,拉曼研究工作也开始跃居世界前列.其中纳米结构的拉曼光谱学和表面增强拉曼光谱学研究更有了国际第一的水平.

在纳米结构的拉曼光谱学研究方面,北京大学获得的成果主要有下列内容.

① 最先鉴认下列有代表性纳米结构的特征拉曼光谱.

（i）二维结构/超晶格——第一个人造纳米结构和纳米晶体.

超晶格有 5 类声子,而由北京大学首先观察到的有 2 类,即：垒层限制声子[4]和微观界面光学声子[5,6].

（ii）一维结构.

• 多孔硅——人类最早开始广泛研究的纳米结构[7]；

• 硅纳米线——第一个纯硅纳米晶体[7−9]；

• 碳化硅纳米棒——最早的晶体纳米棒[10]；

• ZnO 纳米管——第一个晶体纳米管[11].

② 发现拉曼光谱特征出现反常现象并揭示出其本质根源.

（i）发现多孔硅的拉曼频率随激发光波长改变[12].

（ii）发现违反时间反演不变性的入射光频率 ω_0 变化,散射光频率 ω_s 不变[13].

（iii）发现违反时间反演不变性的单壁碳纳米管的斯托克斯和反斯托克斯频率不相等[14].

（iv）发现违反有限尺寸效应的光学声子拉曼频率不随尺寸改变[13].

（v）发现实验得到的多声子拉曼频率不符合理论的预期值[15−18].

（vi）根据拉曼光谱计算的纳米结构尺寸与实际尺寸不符[12,14].

（vii）拉曼温度频移效应超常[19—21].

（viii）光谱线型反常[10].

（ix）超薄超晶格的选择定则与理论预期不符[22].

反常现象的发现和研究为正确认识和全面理解纳米结构拉曼光谱提供了正确和全面的科学基础.例如,揭示有限尺寸效应的尺寸不是物体的几何尺寸,而是其相互作用尺寸.

③ 北京大学的拉曼光谱学研究所获得的国家和国际奖项以及高度评价.

（i）1992 年,博士生金鹰关于首先观察到"微观界面模"的论文,被中国国际半导体技术大会授予"青年优秀论文奖",他也因此成为中国学者中唯一得此大奖的人.

（ii）1998 年,论文[23]的"编者按语"中认为:张树霖小组是世界半导体和超导体拉曼光谱的领先小组（leading group）.

（iii）1998 年,中国学者张树霖受邀在国际拉曼光谱学大会上做该大会第一次关于纳米结构拉曼光谱的大会邀请报告.

（iv）2016 年的国际拉曼光谱学大会上,张树霖获得"拉曼终身成就奖".

（v）2018 年的国际拉曼光谱学大会为张树霖获"拉曼终身成就奖"举行了专题报告会.

三、中国学者的新责任

由于前人的工作,拉曼光谱学成为近代中国少有的领先世界的自然科学学科.后人有责任和义务使拉曼光谱学继续保持世界领先水平.

在拉曼光谱仪方面,国人还没有做出世界领先的工作,今后国人在这方面应特别努力.现在有下述两个拉曼光谱仪技术的新建议,可以作为我们对拉曼光谱仪技术发展做贡献的方向.

1. 表面等离极化激元透镜[24—28]

表面等离极化激元透镜的聚焦突破了分辨率的衍射极限,聚焦点的尺寸可达纳米量级.因此,如果能利用它进行入射光聚焦,则散射光强度将有数量级的增加.

2. 以 CdS_xSe_{1-x} 纳米线作分光元件的微型光谱仪

光谱仪的结构在本书第三章中已进行详细介绍.光谱仪的核心部分是分光元件,常用的分光元件包括体积较大的三棱镜或光栅.为与此匹配,光谱仪的其他元件的体积也不能太小.因此,光谱仪的整体体积必然较大.而体积庞大的光谱仪已经无法满足目前许多应用的需要.

2019 年,剑桥大学的中国留学生杨宗银博士作为第一作者,在 *Science* 上报道了目前世界上最小的光谱仪的设计方案[29].他们用一根比头发丝细 1000 倍的 CdS_xSe_{1-x} 纳米线作为分光和探测元件.由于 CdS_xSe_{1-x} 的掺杂组分渐变,因此其能隙渐变.利用这种纳米线光谱响应可调的特点,通过逆向问题求解,可从响应函数方程组中重构出所需要测量的光谱信息.图 1 的上部显示了在显微镜观察下,自然光进入 CdS_xSe_{1-x} 纳米线后,纳米线就像一道彩虹.图的下部是相应摄取的归一化的光谱.

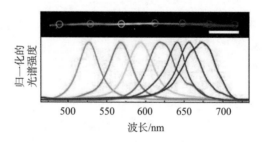

图 1　自然光进入 CdS_xSe_{1-x} 纳米线后的显微像(上)以及相应摄取的归一化的光谱(下),其中标尺长度是 20 mm

整个光谱仪的尺寸仅几十微米,是目前市面上最小的光谱仪的千分之一.他们还展示了用该微型光谱仪对单个细胞进行扫描光谱成像的技术.通过后续开发,这种微型光谱仪将有望通过注射植入人体,用于实时监测人体的健康状况,为癌症等疾病检测提供一种新的方法.

　　杨宗银博士认为:该微型光谱仪还有一个优势是成本极低.目前市面上最便宜的光谱仪的价格近万元,而该微型光谱仪的价格可以低至50元以内.这将会极大促进光谱技术的普及和应用.

　　论文的通讯作者 H.Tawfique 教授和共同作者 A.O.Tom 博士认为:该微型光谱仪与目前广泛使用的手机摄像系统具有良好的兼容性,可设计成紧凑式光谱仪模块且组合进手机,使手机具备光谱探测能力,方便在生活中测量食物、皮肤的光谱信息,从而判断食品安全以及身体健康状况,这使得光谱探测技术有望走进大众的日常生活中.还可以集成在手持设备上,探测物体的光谱信息用以实现分类和筛选,为物联网提供一种新的技术方案.

　　该工作由来自中国、英国和芬兰的多个研究组合作完成.参与工作的中国学者最多,除了杨宗银博士外,还有上海理工大学的谷付星副教授,南京大学的王肖沐教授,浙江大学的童利民教授、杨青教授,英国伦敦国王学院的王攀教授,上海交通大学的蔡伟伟教授,北京大学的戴伦教授以及芬兰阿尔托大学的孙志培教授.因此,现在中国人在拉曼光谱仪方面也有做出世界水平工作的良好机会.

参考文献

[1] Wu T Y. J. Chn. Chem. Soc., 1936, 4: 402.

[2] Huang K. Nature, 1951, 167: 779.

[3] Porto S P S, et al. J. Opt. Soc., 1962, 52: 251.

[4] Zhang S L, et al. Proceedings of the 10th ICORS. 1986.

[5] Jin Y, et al. Phys. Rev. B, 1992, 45: 12141.

[6] Jin Y, et al. Phys. Rev. B, 1998, 57: 1637.

[7] Zhang S L, et al. J. Appl. Phys., 1992, 72: 4469.

[8] Tan P H, et al. J. Raman Spectroscopy, 1997, 28: 369.

[9] Li B B, et al. Phys. Rev. B, 1999, 59: 1645.

[10] Zhang S L, et al. Solid State Commu., 1999, 111: 647.

[11] Xing Y J, et al. Appl. Phys. Lett., 2003, 83: 1689.

[12] Zhang S L, et al. Appl. Phys. Lett., 2002, 81: 4446.

[13] Zhang S L, et al. Appl. Phys. Lett., 2006, 89: 243108.

[14] Zhang S L, et al. Phys. Rev. B, 2002, 66: 035413.

[15] Shen M Y, et al. J. Crystal Growth, 1992, 117: 470.

[16] Zhang S L, et al. Phys. Rev. B, 1993, 47: 12937.

[17] Zhang S L, et al. Phys. Lett. A, 1994, 186: 433.

[18] Zhang S L, et al. J. Appl. Phys., 1994, 76: 3016.

[19] Huang F M, et al. J. Appl. Phys., 1998, 84: 4022.

[20] Li H D, et al. Appl. Phys. Lett., 2000, 76: 2053.

[21] Zhang L, et al. Phys. Rev. B, 2002, 65: 073401.

[22] Zhang S L, et al. J. Appl. Phys, 2000, 88: 6403.

[23] Bisset A, et al. J. Raman Spectroscopy, 1996, 27: 49.

[24] García-Vidal F J, et al. Appl. Phys. Lett., 2003, 83: 4500.

[25] Li Z W, et al. Appl. Phys. Lett., 2006, 88: 171108.

[26] 史林兴, 等. 光学精密工程, 2010, 18: 0831.

[27] 卢旭星. 北京大学学报(自然科学版), 2012, 48: 519.

[28] 胡昌宝, 等. 物理学报, 2016, 65: 137301.

[29] Yang Z Y, et al. Science, 2019, 365: 1017.